Dr. Ingeborg
Rauchberger

Schlag-
fertig
war gestern!

**Gespräche und Verhandlungen
erfolgreich führen – von roten Fäden
und verbalen Fettnäpfchen**

Copyright der deutschen Ausgabe 2012:
© Börsenmedien AG, Kulmbach

Gestaltung Cover: Johanna Wack, Börsenbuchverlag
Gestaltung, Satz und Herstellung: Martina Köhler, Börsenbuchverlag
Lektorat: Claus Rosenkranz
Druck: CPI – Ebner & Spiegel, Ulm

ISBN 978-3-864700-57-6

Bibliografische Information der Deutschen Nationalbibliothek:
Die Deutsche Nationalbibliothek verzeichnet diese Publikation in der
Deutschen Nationalbibliografie; detaillierte bibliografische Daten
sind im Internet über <http://dnb.d-nb.de> abrufbar.

Postfach 1449 ▪ 95305 Kulmbach
Tel: +49 9221 9051-0 ▪ Fax: +49 9221 9051-4444
E-Mail: buecher@boersenmedien.de
www.books4success.de

7   Vorwort von Michael Ehlers

10   Yes, I did it!

12   **I.** Frau Rauchbergers ganz persönliche Hintergedanken

16   **II.** Was Ihnen dieses Buch bringt

18   **III.** Wie verhandeln Sie derzeit?

21   **IV.** Verhandeln Sie denn überhaupt? Oder reden Sie nur?

24   **V.** Steinzeit ist von vorvorgestern

34   **VI.** Hart und weich zugleich

42   **VII.** Wann ist eine Verhandlung eine gute Verhandlung?

47   **VIII.** Ist Schlagfertigkeit wirklich von gestern?

52   **IX.** Frau Rauchberger und die Schlagfertigkeit

60   **X.** Griffige Beispiele zum Thema Schlagfertigkeit

68   **XI.** Das Ergebnis

INHALT

76   **XII.** Die Beziehungsebene

91   **XIII.** Frau Rauchbergers „4-Phasen-Plan"

98   **XIV.** Ich bitte um Entschuldigung!

104   **XV.** Sie führen das Gespräch effizient am roten Faden

132   **XVI.** Die bewusst nonverbale Reaktion

143   **XVII.** Das Geheimnis der zwei Silben

149   **XVIII.** Die „3 R Regel"

168   **XIX.** Das fröhliche Üben der „3 R Regel"

181   **XX.** Die Interessen der anderen

218   **XXI.** Die Interessen, die ich vertrete

243   **XXII.** Das fröhliche Üben der „3 R Regel" – die Auflösung

263   **XXIII.** Wie Sie zukünftig verhandeln werden

274   Literaturverzeichnis

Vorwort
von Michael Ehlers

„Ich lasse mich auf keinen Fall unterbuttern. Wenn das einer versucht, werde ich ihm schon zeigen, wo es langgeht!"
„So lasse ich nicht mit mir reden! Der wird gleich sehen, was er davon hat!"
Finden Sie sich in diesen Aussagen wieder? Haben Sie das Gefühl und verspüren Sie den Drang, auf Verbalattacken mit einem umso wirkungsvolleren Gegenschlag reagieren zu müssen? Dann brauchen Sie dieses Buch. Dringend!
Schlagfertigkeit ist in aller Munde und deshalb sind auch Schlagfertigkeitsbücher „in aller Hände". Das ist schade, denn in diesen Schlagfertigkeitsbüchern, verfasst von selbsternannten Schlagfertigkeitsgurus, finden Sie garantiert kaum Tipps, die Ihnen wirklich weiterhelfen, ganz im Gegenteil. Oder glauben Sie wirklich, dass

Schlagfertigkeit Sie immer und überall weiterbringt? Und damit meine ich wirklich „immer und überall". Niemand wird diese Frage vorbehaltlos mit „Ja" beantworten. Auch bei Ihnen dürfte spätestens jetzt die Einsicht dämmern: „Stimmt, gegenüber X / meinem Chef / Vorgesetzten ... sollte ich in der Situation Y lieber einen Gang zurückschalten und mir eine kesse Bemerkung verkneifen." Und wenn Sie weiter darüber nachdenken, werden Sie feststellen, dass die Listen der Personen X und der Situationen Y lang und immer länger werden. Warum ist das so? Ganz einfach: Schlagfertigkeit ist total überbewertet und, wie Frau Dr. Rauchberger so schön sagt, von gestern.

Dieses Buch ist der Prototyp des Anti-Schlagfertigkeitsbuchs. Es räumt mit Märchen und Mythen auf, die sich rund um das Thema „Schlagfertigkeit" ranken. Beispiele gefällig? „Mit Schlagfertigkeit beweisen Sie Mut." „Wer schlagfertig ist, erwirbt sich Respekt." Das ist zwar alles nicht wirklich falsch ... aber – es kommt immer auf den Kontext und die Situation an.

Dr. Rauchberger gelingt es in diesem Buch sehr überzeugend, zu demonstrieren, weshalb schlagfertige Antworten oftmals in Sackgassen führen, aus denen wir anschließend nicht mehr herauskommen. Und das kann nicht nur unangenehm, sondern sogar schädlich für Ihre Beziehungen und Ihre Karriere sein. Das Buch glänzt mit einer Vielzahl von echten Beispielen aus ihrer langjährigen Berufspraxis, die illustrieren, wie Schlagfertigkeit nach hinten losgehen kann. Diese Beispiele sind lustig, tragisch und manchmal schlicht unglaublich.

Dr. Rauchberger hat Ihnen aber noch viel mehr zu bieten. Ihre Verhandlungsstrategie, die Betonung der Bedeutung des roten Fadens und nicht zuletzt ihre „3 R Regel" zeigen, wie es gehen kann – vorausgesetzt, Sie sind bereit, innezuhalten, in sich zu gehen und zu überlegen, was Ihre eigentlichen Ziele sind und wie Sie diese effektiv und elegant erreichen können. Das Buch bietet Ihnen wertvolles

Handwerkszeug, welches Sie im Alltag immer wieder einsetzen können. Dieses Handwerk hat gerade nichts mit dem Auswendiglernen von Sätzen zu tun. Es beginnt mit der richtigen Einstellung zum Thema und gipfelt in der Beherrschung des Handwerkszeugs. In dem vorliegenden, sehr unterhaltsamen Werk meiner erfahrenen Kollegin Frau Dr. Ingeborg Rauchberger liegt der Fokus auf Einstellung und Handwerk. Hier wird gehalten, was in vielen anderen Büchern versprochen wird. Kein Trainer-Hokuspokus. Nein. Anschaulich erläutert sie ihre These, warum Schlagfertigkeit von gestern ist und wie Sie von der Erfahrung einer langjährigen Kommunikationsexpertin lernen können, es besser zu machen – viel besser. Ich wünsche Ihnen viel Spaß bei der spannenden Lektüre und der Umsetzung dieser wichtigen Tipps.

Michael Ehlers
Rhetorik-Trainer
Institut Michael Ehlers, Bamberg

Vielen herzlichen Dank an alle, die mich immer wieder geschubst (klingt freundlicher als „getreten") haben: „Jetzt schreiben Sie doch endlich einen Ratgeber für Gespräche und Verhandlungen!" „Warum machen Sie aus Ihren vielen griffigen Beispielen aus der Praxis nicht endlich ein Buch?" „Wir wollen einen persönlichen Leitfaden. Aber unbedingt auf Ihre eigene, unkonventionelle Art!" Oder wie es Thilo Baum, einer der Herausgeber von „Die Bildungslücke"[L], ausdrückte: „Ihre Ausführungen zur Schlagfertigkeit sind spitze und sehr überlegenswert. Ich würde diesen Gedanken an Ihrer Stelle irgendwo noch mal prominent aufziehen."

Ich habe es getan und – ich habe es geschafft! Vor Ihnen liegt das Ergebnis: 288 Seiten.

Das Buch räumt ein für alle Mal mit Mythen und Märchen auf, die da lauten: *„Nur Schlagfertige sind gute Verhandler", „Schlagfertigkeit*

ist ein Zeichen von Selbstbewusstsein", „*Es kann nur einen Sieger geben"* und „*Nur die Harten kommen in den Garten"*.
Stattdessen bekommen Sie ausschließlich erfolgreiche, praxiserprobte Tipps und Tricks, untermauert mit der nötigen Theorie, bunte Beispiele aus einem reichhaltigen und langjährigen Gesprächs- und Verhandlungsleben, einen prall gefüllten Koffer mit rhetorischem Handwerkszeug. Es geht nicht darum, andere mit verbalen Schlägen fertigzumachen. Es geht um lustvolles Verhandeln, es geht um nachhaltige Ergebnisse, es geht um Ihren Erfolg.

Herzlichst, Ihre
Ingeborg Rauchberger

PS: Eine wichtige Warnung, bevor Sie dieses Buch lesen
Wenn Sie theoretische Abhandlungen bevorzugen, wenn Sie gern alle Menschen über einen Kamm scheren („*Alle* Männer machen etwas so … *alle* Frauen anders …") oder in bestimmte Gruppen (Giraffen, Zebras, Löwen …) einteilen, um sie zu „durchschauen", wenn Sie auf dumme Attacken mit noch dümmeren, schlagfertigen Antworten reagieren wollen, dann ist dieses Buch nichts für Sie!

I.
Frau Rauchbergers ganz persönliche Hintergedanken

Seit fast 30 Jahren führe ich Gespräche und Verhandlungen im deutschsprachigen Raum und in aller Welt. Ich war in vielen Teilen Europas, in Nord- und Südamerika, in Ägypten und Hongkong. Mein spannendes Spezialgebiet: Verhandlungen in China.

Mir saßen Leuten gegenüber, die (zumindest anfangs) absolut nicht wollten, was ich wollte.

(*Natürlich* oft)

Es gab Gegenüber, die sich sofort persönlich beleidigt fühlten, wenn jemand ihre Meinung nicht teilte, und andere, die dachten, Angriff sei die beste Verteidigung.

(*Leider* oft)

Es gab Menschen, die Verhandlungen platzen ließen, weil „sie auch ihren Stolz" hatten und dabei völlig übersahen, dass sie damit den Ast absägten, auf dem sie selbst saßen.
(*Erstaunlich* oft)

Da waren Männer, die mir imponieren wollten oder mich nicht ernst nahmen, weil ich eine Frau bin.
(*Zum Glück* oft)

Ich hörte keifende Stimmen aus zusammengekniffenen Lippen, dass mir ganz angst und bange wurde.
(*Viel zu* oft)

Natürlich habe ich Hahnen- und Hennenkämpfe erlebt und (ebenso fasziniert wie erschrocken) beobachtet, wie Menschen so darin aufgingen, sich an Schlagfertigkeit zu überbieten, dass sie gar nicht bemerkten, wie weit der Schlagabtausch sie von ihrem eigentlichen Ziel abschweifen ließ.
(*Öfter*, als man denkt)

Ich bin engagiert für die Interessen meiner Firma eingetreten und wurde von Gegenübern mit Sätzen aus der Fassung gebracht wie: „Das geht sowieso nicht!"
(*Öfter*, als mir lieb ist)

Ich habe (in erster Linie) Männer getroffen, die mit hochrotem Kopf so lange brüllten, dass ihnen die Zornesadern aus dem Hals quollen – in der Hoffnung, dass ich mich fürchte, nachgebe und gar nicht merke, wie schwach ihre Argumente waren.
(*Zum Glück* selten)

Es gab Leute, denen es so peinlich war, über ihre Forderungen zu sprechen, dass sie lieber nachgaben, bevor die Verhandlung überhaupt richtig losging.
(*Leider* zu selten)

Ich saß fassungslos da, als meine beiden Gesprächspartner eingeschlafen sind, während ich sprach.
(*Ein* Mal. Das war in China, und ich schwöre, ich war nicht daran schuld.)

Und dann gab es noch die, die sich in Details oder Nebensächlichkeiten verloren und damit das „große Ganze" gefährdeten. Die, die mit schlagfertigen Aussagen andere beinhart vor den Kopf stießen. Die, die schlecht vorbereitet waren und mit Bluffen ins eigene Unheil rannten. Die vielen, die ihr Gegenüber zu erziehen versuchten, und die vielen, vielen, die selbst nicht genau wussten, was für ein Ergebnis sie überhaupt erreichen wollten.
Weil ich wie ein Schwamm durchs Leben gehe und bei Verhandlungen und Gesprächen absolut alles aufsauge und für mich adaptiere, was mich an taktischen und rhetorischen Tricks interessiert, weil ich gerne mir sinnvoll Erscheinendes ausprobiere und mit eigenen Ideen kombiniere, habe ich einen reichen Erfahrungsschatz zusammengetragen.
Oft werde ich gefragt, nach welchem System ich bei Verhandlungen vorgehe. Darauf kann ich nur antworten: Nach einer Mischung diverser äußerer Einflüssen, ergänzt durch meine eigenen Modelle. Natürlich habe ich das Rad nicht immer neu erfunden, sondern aus den verschiedensten Systemen und Richtungen das Erfolgversprechendste zusammengetragen, adaptiert, ergänzt und damit „neue Räder" zusammengebaut. Ich habe eine Vielzahl unterschiedlicher Bücher gelesen (und gestaunt, was es da so alles gibt – und vor allem auch, was einem da so alles geraten wird) und mehrere, zum Teil

langjährige Ausbildungen rund um das Thema „Kommunikation" erfolgreich absolviert.

Als ich im Jahr 2000 in meinem Heimatbundesland zur „Managerin des Jahres" gewählt wurde, begannen sich viele für meine Verhandlungserfolge zu interessieren. Seither gebe ich mein Wissen und meine Erfahrungen als Trainerin in Seminaren und als Verhandlungscoach an einzelne Personen oder an Verhandlungsteams weiter. Viele namhafte Unternehmen, internationale Konzerne und große Seminarveranstalter zählen zu meinen Kunden. Sie sind neugierig, wer alles auf der Liste steht? Schnell auf www.rauchberger.at klicken.

Gebrauchsanweisung für dieses Buch
In den grauen Kästchen finden Sie Beispiele aus der Praxis. Als Trainerin und Coach ist Diskretion natürlich Ehrensache. Daher sind Namen, Orte und manchmal auch die Branchen der Praxisbeispiele verändert. Die Begebenheiten selbst haben jedoch stattgefunden.

In den eckigen Sprechblasen sind Ihre Gedanken und Ideen gefragt.

Hochgestelltes [L]: Hinweis auf die Literaturliste

⚠ bedeutet: Achtung! Aufpassen!

Noch etwas Wichtiges vorweg

Es ist mir wichtig, dass das Buch gut lesbar und verständlich ist. Wenn ich daher meist nur eine Form verwende: Dieses Buch ist selbstverständlich für Frauen und Männer gedacht und geschrieben.

II.
Was Ihnen dieses Buch bringt

Zuerst einmal, was es Ihnen nicht bringt

Sie bekommen keine Kochrezepte serviert, die Ihnen weismachen, dass sie immer passen („Wenn der andere *das* sagt, machen Sie immer *jenes* ...“). Solche Rezepte funktionieren nämlich in der Wirklichkeit nur selten. Außerdem engen starre Regeln ein. Ich möchte genau das Gegenteil erreichen, nämlich Ihre Flexibilität erhöhen und Ihre Möglichkeiten erweitern.

Dieses Buch liefert Ihnen Handwerkszeug, Ideen und Tools

Diese werden Ihr bereits erworbenes Wissen ergänzen und Ihnen helfen, Ihre Stärken weiter auszubauen und bisherige Fehler künftig zu vermeiden. Verhandlungsneulinge holen sich wichtiges, grundlegendes Rüstzeug, „alte Hasen und Häsinnen" noch mehr Sicherheit und den letzten Schliff.

Wenn Sie etwas anders machen, als ich es Ihnen in diesem Buch vorschlage, und dabei wissen: „Damit habe ich (auf allen Ebenen, siehe Kapitel XI. und XII.) nachhaltigen Erfolg!", dann gibt es keinen Grund, etwas an Ihrem bisherigen Vorgehen zu ändern. Auch beim Verhandeln gilt der alte Grundsatz *„Viele Wege führen nach Rom"*. Holen Sie sich aus diesem Buch ganz bewusst Ideen und Werkzeuge für jene Situationen, in denen Sie bisher noch nicht so elegant, eloquent oder erfolgreich agiert haben.

Alle Profitipps in diesem Buch gebe ich Ihnen nach bestem Wissen und Gewissen. Sie sind vielfach in der Praxis erfolgreich erprobt. Sie bekommen nichts aufgetischt, was zwar auf dem Papier gut klingt, sich im wirklichen Leben aber nicht bewähren würde. Jede Haftung ist ausdrücklich ausgeschlossen, denn was Sie daraus machen, liegt ganz bei Ihnen. Sind Sie bereit?

Beginnen wir mit Ihrem ganz persönlichen Gesprächs- und Verhandlungscoaching!

Am besten schreiben Sie Ihre Gedanken immer sofort nieder, damit kein Geistesblitz in Vergessenheit gerät. Es erwarten Sie jede Menge Übungen, mit denen Sie sich sofort für Ihre nächsten Gespräche und Verhandlungen fit machen können. Also: Papier und Stift sind gefragt.

Es geht gleich mit einem kleinen Test los.

III.
Wie verhandeln Sie derzeit?

Eine kleine, feine Standortbestimmung vor unserem gemeinsamen Coaching mit diesem Buch:

Welche Aussage trifft auf Sie zu? Bitte ankreuzen. Sie können sich gerne Bemerkungen dazuschreiben, wenn es für Sie hilfreich ist.

1. Ich verhandle sehr selten oder eigentlich gar nicht.
2. Leider bin ich zu wenig schlagfertig. Daher halte ich oft den Mund.
3. In der Liebe und beim Verhandeln ist jedes Mittel erlaubt.
4. Mit Schlagfertigkeit beweise ich Mut.
5. Ich bemühe mich zwar um Gelassenheit, aber wenn mir jemand blöd kommt, kann ich schon ausrasten.

6. Ich verhandle mit allen Menschen auf die gleiche Art und Weise.
7. Oft gehe ich in Verhandlungen und weiß nicht, was ich wirklich will.
8. Ich verhandle so oft, dass ich mich nicht mehr vorbereiten muss.
9. Wenn die Emotionen hochkochen, gebe ich lieber nach.
10. Mich ruft oft jemand an und will sofort eine Entscheidung von mir.
11. Mir ist egal, was der andere möchte. Ich konzentriere mich darauf, was ich will und wie ich es erreiche.
12. Mir tun meine Gesprächspartner oft leid. Da kann ich nicht hart bleiben.
13. Ich bin immer gnadenlos ehrlich.
14. Eine Entschuldigung ist ein Zeichen von Schwäche.
15. Wenn ich einen Fehler gemacht habe, dann spiele ich ihn herunter: „Regen Sie sich nicht auf!" oder „Daran sind Sie selbst schuld!"
16. Wenn jemand schreit, schreie ich zurück.
17. Ich gebe lieber nach, bevor mir der andere böse ist.
18. Wenn ich ein Gespräch beginne, dann will ich mich noch gar nicht festlegen, was ich erreichen will. Ich lasse mich lieber überraschen.
19. Bevor ich verhandle, kenne ich mein Ziel.
20. Für eine originelle Wortmeldung nehme ich auch beleidigte Gesichter in Kauf.
21. Vor einer Verhandlung überlege ich mir immer, was ich tue, wenn ich mein Ziel nicht erreiche.
22. Es kann nur einen Sieger geben. Und das bin ich.
23. Am besten ist es, die Gegenseite anzugreifen, um ihr den Schneid abzukaufen.
24. Wenn ich mit jemandem in einer wichtigen Frage nicht einer Meinung bin, dann ist es unter meiner Würde, mit dieser Person zum Mittagessen zu gehen.

25. Ich kann in der Sache selbst hart verhandeln und doch zu meinem Gegenüber eine gute Beziehung haben.

meistens

26. Ich versuche der Gegenseite die Entscheidung zu erleichtern.

27. Wenn der andere schlagfertiger ist als ich, habe ich keine Chance.

28. Ich kann doch nichts dafür, wenn die Leute immer alles persönlich nehmen!

29. Ich sage oft Dinge, die ich hinterher bereue.

oft kommt das vor, da bin ich zu offen in manche Gesprächs-themen.

30. Ich überlege mir immer eine Lösung, mit der beide Seiten gut leben können.

Alles angekreuzt, was auf Sie zutrifft? Sehr gut. Und jetzt vergessen Sie diese Standortbestimmung ganz schnell wieder und lesen Sie dieses Buch. Wir kommen am Ende wieder darauf zurück – versprochen.

IV.

Verhandeln Sie denn überhaupt? Oder reden Sie nur?

Immer wieder kommen Leute in meine Seminare, die mir erzählen: „Ich habe bisher noch nie verhandelt. Im nächsten Monat wechsle ich in eine andere Abteilung, da geht es dann los!"

„Aber *gesprochen* haben Sie auch bisher schon?", frage ich dann meist mit einem Augenzwinkern. Und natürlich: Wir alle führen Gespräche, seit wir sprechen können. Darin haben wir große Erfahrung. Darum klären wir schnell folgende wichtige Frage:

> *Was meinen Sie? Was ist der Unterschied zwischen einer Verhandlung und einem Gespräch?*

_____

_____

Haben Sie aufgeschrieben: „Bei einer Verhandlung habe ich ein Ziel!"? Damit haben Sie natürlich völlig recht!

Ein Ziel haben wir häufiger, als wir denken. Immer dann, wenn Sie wollen, dass der andere etwas _tut_ (und sei es, Ihnen zu glauben oder sich Ihrer Meinung anzuschließen) oder dass der andere etwas _unterlässt_, sind Sie mitten in einer Verhandlung.

Wenn Sie Ihren Kollegen oder Freunden von Ihrem letzten Urlaub vorschwärmen, dann ist das ein Gespräch. Schlagen Sie anschließend vor: „Gehen wir gemeinsam eine Kleinigkeit essen", und ein anderer sagt: „Ich möchte lieber mit dir ins Kino", wird daraus eine Verhandlung. So schnell kann das gehen!

Profitipp Nr. 1
Binnen Sekunden kann jedes Gespräch zu einer Verhandlung werden. Das gilt sowohl für unser Berufs- als auch für unser Privatleben.

Daher gelten die Regeln des Verhandelns, über die wir uns in diesem Buch unterhalten, für alle Ihre Gespräche in allen Bereichen Ihres Lebens.

Der herzensgute Ehemann
„Um Himmels Willen", hat ein Seminarteilnehmer aufgeheult, „ich kann doch im Privatleben nicht so verhandeln, wie ich das in meinem Beruf mache! Ich will doch mein Schatzi nicht übers Ohr hauen!"

Was für eine kluge, vorbildliche Einstellung für einen Ehemann! Doch wenn der Mann wirklich klug ist, dann will er weder sein „Schatzi" noch seine Kollegen und Geschäftspartner oder sonst irgendjemand übers Ohr hauen. Denn übers Ohr hauen bedeutet, ein Verhandlungsziel anzustreben, das sich für den anderen negativ auswirkt. Dieses Vorgehen ist eine Form der steinzeitlichen Keule, wie wir gleich sehen werden, und die Steinzeit ist lange vorbei – auch wenn das viele Verhandler offensichtlich noch nicht bemerkt haben!

Bevor wir in die weite, bunte Welt der Verhandlungen eintreten, bevor wir klären, ob schlagfertig wirklich von gestern ist und wenn ja, warum, ist es wichtig, dass wir einen kurzen Blick auf die Geschichte des Verhandelns werfen. Sie beginnt, wie eben erwähnt, viele, viele Jahre vor unserer Geburt.

V.

Steinzeit ist von vorvorgestern

Wie sieht es aus mit Ihrer Fantasie? Schaffen Sie es, gedanklich viele Jahrtausende in der Geschichte zurückzugehen? Prima! Dann stellen Sie sich bitte vor, Sie leben in der Steinzeit. In Ihrem Lendenschurz aus Fell wollen Sie Ihr gewohntes Tagwerk verrichten. Plötzlich Stress! Ein Problem ist aufgetaucht. Dieses Problem hat vier Pfoten und ein riesiges Maul. Was würden Sie tun?

_____

_____

Sie würden so schnell wie möglich davonlaufen, habe ich recht? Oder sind Sie eher der Typ, der die Keule schwingen und im Kampf sein Glück versuchen würde?

Für welche dieser beiden Strategien Sie sich im Einzelfall entscheiden, hängt wahrscheinlich von der Ausgangslage ab: Können Sie das Tier von hinten überraschen? Ist das Vieh behäbig und sind Sie wendiger? Es kommt auf die Größe Ihrer Keule und Ihre Geschicklichkeit im Umgang mit ihr an. Die Kraft und die Gefährlichkeit Ihres Gegners, Ihre Erfahrung und Ihre eigene innere Einstellung spielen eine entscheidende Rolle.

Sie meinen, das sei eine sehr vereinfachte Darstellung? Richtig, das ist Absicht!

Sie meinen, die Steinzeit sei lange vorbei? Unser Gehirn habe sich in all den Jahren weiterentwickelt? Auch das stimmt, doch diese Weiterentwicklung ist längst nicht so umfassend, wie wir uns das wünschen. Vor allem in stressigen Situationen greifen wir unbewusst zu den Methoden, die auch unser Steinzeit-Vorfahre für richtig gehalten hätte. Auch Verhandlungen bedeuten oft Stress. Daher schwingen viele noch heute die Keule mit Bravour, in der Regel hoffentlich nur bildlich gesprochen. Manche sind richtig stolz darauf. „Ich bin ein harter Verhandler!", hört man sie verkünden, oder „Wenn es mir hilft, dann mache den anderen zur Schnecke (wahlweise auch „zur Sau"), da kenne ich nichts!"

A. Keulen gibt es in unterschiedlichen Modellen

Es gibt sie in den Ausführungen „Gebrüll", „Sarkasmus", „Drohung" oder „Erpressung", als das überaus beliebte Modell „Machtspiel", als „Einschüchterung", „Trotz", „Rache", „Diskussionsverweigerung", „Bösartigkeit" und (wie wir noch ausführlich sehen werden) „Schlagfertigkeit"! Denn vieles, was wir als Schlagfertigkeit zu hören oder empfohlen bekommen, ist nichts anderes als eine dicke, große, stachelige Keule.

SCHLAGFERTIG WAR GESTERN!

> Während Sie das gelesen haben, sind Ihnen wahrscheinlich einige Leute eingefallen, die in Ihren Verhandlungen die Keule geschwungen haben. Welche Modelle wurden dabei benutzt? (Zum Beispiel: Kollegin Mary – Tränen, oder Onkel Karl – Drohung, mich zu enterben, wenn ich ihn nicht wöchentlich besuche.)

Doch nicht nur Worte, auch Taten und äußere Umstände können Keulen sein, wie dieses Beispiel besonders anschaulich zeigt:

Hans-Peter, Einkäufer eines Lebensmittelkonzerns

Hans-Peter war Einkäufer bei einem Lebensmittelkonzern. Viele Firmen wollten ihre Waren in den Geschäften dieses Unternehmens „gelistet" haben, sie also in den Regalen stehen sehen. Daher führte er mehrmals die Woche Verhandlungen mit Verkäufern.

Die Räume, in denen diese Verhandlungen stattfanden, befanden sich im Keller. Sie waren fensterlos, mit weißen Möbeln in gleißendem, weißem Licht. Sie finden, das ist ein starkes Stück? Warten Sie, es kommt noch besser: Die Räume waren im Winter kaum (manchmal auch gar nicht) beheizt. In diesen kalten, weißen Räumen ließ man die Verkäufer erst einmal warten – eine Stunde, mindestens.

An der Tür hing ein Blatt Papier: „An alle Verkäufer! Sie werden exakt 15 Minuten Zeit haben, mit unseren Einkäufern zu verhandeln. Also überlegen Sie gut, was Sie sagen."

> Als die Einkäufer schließlich kamen, hatten sie fertig ausfor-
> mulierte Verträge bei sich und erinnerten höflich, aber be-
> stimmt an die kurze Zeitspanne, die für die Verhandlung
> vorgesehen war. Anschließend hatte der Verkäufer die
> Wahl, zu unterschreiben oder nicht zu unterschreiben.
> Die meisten unterschrieben.

Niemand attackierte mit Worten, niemand brüllte, niemand drohte. Und doch werden Sie zustimmen: Auch dieses Verhalten war eine Keule, und zwar eine in Reinkultur.

Seien wir realistisch: Menschen, die mit der Keule verhandeln, haben durchaus Chancen, ihr Ziel zu erreichen. Allerdings kommt es darauf an, was genau *ihr Ziel* und wer *ihr Verhandlungspartner* ist. Entscheidend sind dieselben Kriterien, die auch schon in der Steinzeit entscheidend waren: Wie sind die Machtverhältnisse verteilt? Wer hat die größere Keule? Wie schätzt man seine eigenen Chancen ein? Sagen Sie: „Das Vorgehen in Hans-Peters Firma war vielleicht nicht menschenfreundlich, aber der Vertrag wurde unterschrieben. Also heiligt der Erfolg die Mittel!"? Dann frage ich Sie: Ist das *wirklich* so? Heißt das, dass wir alle stets unsere Keulen schwingen und eine Verhandlung als Kampf ansehen sollen? Das kann es doch nicht sein, oder?

Und das ist es auch nicht, denn es gibt zwei wichtige Komponenten, die Keulenschwinger übersehen. Die eine ist die **Zukunft** und die andere die **Nachhaltigkeit** des Erfolges.

In den meisten Fällen *wissen* wir, dass wir unseren Gesprächspartner wiedersehen werden (zum Beispiel unsere Kollegen), in vielen Fällen *hoffen* wir, dass wir ihn wiedersehen werden – vor allem dann, wenn wir langfristige (Geschäfts-)Beziehungen aufbauen wollen. Manchmal denken wir aber auch: „Ach, den sehe ich sicher nicht wieder!" oder „Wenn ich ihn das nächste Mal sehe, bin ich sicher wieder in der stärkeren Position! Also kann ich gefahrlos die Keule schwingen" – und irren uns damit.

Hans-Peter hat, nach einigen Jahren als Einkäufer, den Konzern verlassen und sich selbstständig gemacht. Er zog fortan als Handelsvertreter durch die Lande. Da er seiner Branche treu blieb, traf er auf genau dieselben Leute, die er einst im kalten Verhandlungsraum im Keller hatte warten lassen. Jetzt waren die Keulen anders verteilt. „Glauben Sie mir, Frau Rauchberger", stöhnte er, „ich habe all meine Sünden abgebüßt! Blut und Tränen geschwitzt und all meine Energie investiert, um zuerst zu Gesprächsterminen und dann zu guten Neugeschäften zu kommen."

Profitipp Nr. 2
Eine altbewährte Weisheit lautet: „Man sieht sich im Leben immer zwei Mal!" – mindestens. Behalten Sie daher bei all Ihren Verhandlungen nicht nur Ihr aktuelles Ziel oder Ihren kurzfristigen Vorteil im Auge. Denken Sie immer auch an die Zukunft und an die Nachhaltigkeit Ihres Erfolgs.

Jetzt sagen Sie vielleicht: „Was kann denn der arme Hans-Peter dafür? Er hat sich doch bloß an die Anweisung seiner Vorgesetzten oder an die ‚Firmenphilosophie' gehalten und jetzt wird er als selbstständiger Handelsvertreter dafür bestraft!" Ja, so ist das Leben. Alles, was Sie machen, wird nicht nur der Firma zugerechnet, für die Sie tätig sind, sondern auch Ihnen persönlich. Hätte sich Hans-Peter die „Kalter Keller"-Idee selbst ausgedacht, wäre die „Strafe" sicher noch drastischer ausgefallen.

Sie meinen, es sei unverständlich und erbärmlich, dass Unternehmen, die so mächtig sind wie dieser Lebensmittelkonzern, solche „Spielchen" überhaupt spielen? Da gebe ich Ihnen vollkommen recht. Sicher sparen sich die Verkäufer durch das respektlose Vorgehen Zeit. Freunde macht man sich damit jedoch keine. Das wird der Konzern spätestens dann spüren, wenn er einen Lieferanten dringender braucht, als dieser ihn braucht.

B. Ist es daher besser, die Flucht zu ergreifen, als die Keule zu schwingen?

Sollen wir uns lieber auf die Flucht begeben und uns alles gefallen lassen? Weich werden und zu allem „Ja" sagen und dabei denken: „Hauptsache, wir streiten nicht und haben uns alle lieb!"?
Die Antwort kennen Sie natürlich selbst: Das ist auch keine Lösung. Dieser Weg führt uns nicht an unsere Ziele. (Es sei denn, unser oberstes Ziel ist es, von allen geliebt zu werden. Doch nicht einmal das erreicht man durch ständiges Nachgeben.)

> *Wie äußert sich das Steinzeitverhalten „Flucht" in unseren heutigen Gesprächen?*

_____
_____

Sie meinen, wenn jemand aufsteht und geht, dann begibt er sich auf die Flucht? Wie beurteilen Sie dann folgendes Verhalten?

Josef und der Aktenkoffer

Wenn Josef, der Geschäftsführer eines mittelständischen Betriebes, in einer Verhandlung merkt, dass sein Gegenüber zu wenig flexibel ist und die Erreichung seines Ziels in immer weitere Ferne rückt, dann legt er seinen Aktenkoffer auf den Besprechungstisch. Er lässt (scheinbar beiläufig, aber doch geräuschvoll) beide Verschlüsse aufschnappen. Sein Gesprächspartner ist meist eifrig darauf bedacht, sich nicht irritieren zu lassen. Während er weiterspricht, öffnet Josef den Kofferdeckel und räumt langsam, aber stetig seine Unterlagen ein, eine nach der anderen. Wenn dem anderen etwas an einem Vertragsabschluss liegt, und meistens ist dies der Fall, dann setzt er alles daran zu verhindern, dass Josef aufsteht und geht. Also schlägt er einen Kompromiss vor, noch bevor Josef den Kofferdeckel wieder geschlossen hat.

Nur weil jemand aufsteht und geht (oder durchblicken lässt, bald gehen zu wollen), heißt das noch lange nicht, dass er sich auf die Flucht begibt. Es kann durchaus eine Taktik sein, um seinem Ziel etwas näher zu kommen. So eine Vorgehensweise ist natürlich nur dann sinnvoll, wenn der andere ein mindestens ebenso großes Interesse an einer Übereinkunft hat wie Sie. Sonst läuft die „Strategie des Kofferpackens" in Leere. Es ist nichts gewonnen, wenn Sie mit Ihrem – dramaturgisch gekonnt gepackten – Koffer vor der Tür stehen und denken: „Verflixt, was mache ich jetzt? Ich wollte doch seine Unterschrift!"

Was halten Sie von folgendem Fall? Auch hier verlässt jemand den Raum.

Ines und die knallende Tür:

„Ich weiß nicht mehr, was ich machen soll!" Ines sitzt mir im Coaching aufgelöst gegenüber. „Ich bin völlig überfordert. Gestern hat mir mein Chef wieder eine neue Aufgabe übertragen, obwohl ich doch schon mehr als ausgelastet bin."

„Haben Sie ihm das erklärt?"

„Ja sicher, ich habe gesagt, dass ich keine Zeit dafür habe. Aber er meinte nur, wenn ich nicht so ineffizient arbeiten würde, könnte ich alles mit links schaffen. So eine Frechheit!"

„Und dann?"

„Dann habe ich die Unterlagen genommen, die er mir hingehalten hat, und habe sein Zimmer verlassen. Die Tür habe ich fest hinter mir zugeknallt!"

„Werden Sie die neue Aufgabe erledigen?"

„Was bleibt mir denn anderes übrig? Außerdem muss ich doch dem Kerl beweisen, dass ich nicht ineffizient arbeite! Ich nicht!"

Das ist Flucht. Auch wenn Ines stolz darauf ist, sich getraut zu haben, die Tür zuzuknallen – das ist bestenfalls ein kleiner, sinnloser Keulenschwung durch die Luft. Bei Ines waren Resignation („Was bleibt mir denn anderes übrig?") und persönlicher Stolz („Dem werde ich es zeigen!") ausschlaggebend, dass sie ihr Ziel (diese Arbeit nicht auch noch übertragen zu bekommen) aus den Augen verloren hat. Ich habe einmal gelesen, dass Männer schrille Frauentöne gar nicht als Stimme wahrnehmen und deshalb nicht reagieren. Dazu befragt, antwortete der bekannten Stimmexperte Arno Fischbacher (Vorsitzender des Netzwerks für Stimmexperten „stimme.at"): „Akustisch gesehen kann man schrille Frauentöne kaum überhören. Wenn der Klang aber an ein als Kind oft gehörtes vorwurfsvolles

‚Hast du schon wieder deine Hausarbeiten nicht gemacht?!' erinnert, kann es schon vorkommen, dass starke Filter der Wahrnehmung aktiviert werden. Dann überhört man den Vorwurf einfach." Dazu der Hamburger Mediziner Niels Graf von Waldersee: „Frauen, die auf Stöckelschuhen gehen, haben oft auch hohe Stimmlagen. Sie spannen ihren ganzen Körper so an, dass auch die äußeren Kehlkopfmuskeln und mit ihnen die Stimmbänder unter Spannung stehen. Schon ein flacher Absatz entspannt die Stimmbänder – dies wäre immerhin schon ein Anfang der Stimmhygiene." („Welt online" vom 28. Mai 2012)

Wie Ines es künftig besser machen kann?
Sie wird ihrem Vorgesetzten mit ruhiger, möglichst sachlicher Stimme aufzählen, was sie derzeit alles zu tun hat. Eine schriftliche To-do-Liste ist dabei hilfreich. Dann wird sie entweder selbst die Reihenfolge bestimmen: „Derzeit arbeite ich am Projekt A, ab Mittwoch ist B an der Reihe. Zu diesem Ordner komme ich frühestens am Freitag." Oder sie wird die Entscheidung nach oben delegieren: „Ich habe derzeit A, B und C auf dem Tisch. Jetzt kommt noch D dazu. Was hat oberste Priorität?"

Doch nicht nur das tatsächliche Weglaufen wie bei Ines, sondern auch das Bleiben und zu allem „Ja!" und „Amen!" sagen, ist die Steinzeit-Variante „Flucht". Dieses Modell kennen wir unter den Bezeichnungen und Umschreibungen „Harmoniebedürfnis", „Ängstlichkeit", „Schüchternheit", „Seine Bedürfnisse nicht so wichtig nehmen", „Lieb gehabt werden möchten", „Ich will meine Ruhe", „Bescheidenheit", „Feigheit" und vielen anderen Formen, die Ihnen sicher schon begegnet sind.

Wird jemand, der flieht, sein Ziel erreichen?

Wenn es um die Sache geht (zum Beispiel einen besseren Kaufpreis zu erzielen oder eine zusätzliche Aufgabe abzulehnen), dann wohl nicht. Wenn allerdings die Beziehung zum Gesprächspartner im Vordergrund steht, dann kann sich dieses Verhalten als durchaus nützlich erweisen.

 Profitipp Nr. 3

Wenn jemand sagt: „Lass uns nicht streiten!", „Du weißt es sicher besser!", „Ich richte mich ganz nach Ihnen!", dann kann das eine Flucht sein – muss es aber nicht. Er kann auch an der Verbesserung der Beziehung arbeiten. Hier sind, wie bei allem, der Kontext und die innere Absicht maßgeblich.

Also was denn jetzt? Wenn es weder sinnvoll ist, die Keule zu schwingen noch die Flucht zu ergreifen, wie sollen wir denn dann verhandeln? Hart oder weich?

VI.
Hart und weich zugleich

Machen wir uns doch einfach einmal ein Bild. Was sind die wichtigsten Zutaten einer Verhandlung? Man nehme mindestens zwei Verhandlungspartner. Beide sprechen und bringen Argumente vor. Beide Partner haben Ziele und hoffentlich auch Alternativen. Wichtiger als das, was sie sagen, sind die *Interessen*, die hinter ihren Worten stecken, und zwar nicht nur die Firmeninteressen, die sie vertreten, sondern immer auch ihre eigenen. Die Sachebene und die persönliche Ebene sind zwei gleich wichtige Bereiche.

Zwischen meinem Gesprächspartner ("der Person") und dem Thema ("der Sache") verläuft eine klare, wichtige Trennlinie, die diese beiden gleichberechtigten und gleich wichtigen Bereiche auseinanderhält. Ich male diese Trennlinie immer in grün. Könnten Sie sich daher bitte vorstellen, diese Linie sei grün? Herzlichen Dank! "Hart" ist

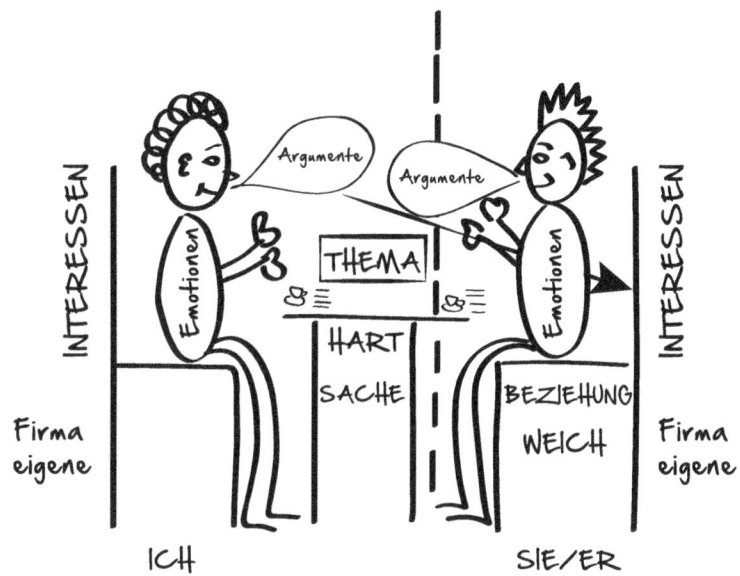

Verhandlungspartner mit „grüner" Trennlinie

ausschließlich in der Sache erlaubt. Zu meinem Gesprächspartner bin ich immer „weich". Wenn Sie mich fragen, woran viele Verhandlungen scheitern, dann antworte ich: Sie scheitern, weil die Verhandler diese grüne Trennlinie nicht ziehen. Sie greifen daher nicht nur die Sache an, sondern auch den Menschen. Oder sie werden aus Mitleid, Verständnis oder falsch verstandener Höflichkeit auch in der Sache weich.

Profitipp Nr. 4

Nicht „hart *oder* weich" lautet das Geheimnis gelungener Verhandlungen, sondern „hart *und* weich"!
Hart in der Sache – weich zur Person. Trennen Sie bewusst das Thema von der Person, mit der Sie sprechen.
Greifen Sie die Sache an, nie den Menschen!

35

A. Hart in der Sache

- Formulieren Sie vor der Verhandlung Ihre Ziele. Machen Sie das am besten schriftlich. Das hilft Ihnen, klar zu definieren, was Sie wirklich wollen. Sie vergessen es nicht so leicht, können gegebenenfalls nachlesen und nach der Verhandlung kontrollieren, was Sie sich vorgenommen und was Sie erreicht haben.
- Formulieren Sie nicht nur einen konkreten Zielpunkt. Das bestätigt auch Matthias Schranner in „Der Verhandlungsführer"ᴸ: „Ein Zielpunkt schränkt Sie in Ihrer Verhandlungsführung ein und macht Sie unflexibel."
- Formulieren Sie stattdessen eine *Ziellinie*: Den Anfangspunkt der Ziellinie markiert Ihr Minimalziel – die Schmerzgrenze, unter oder über die Sie nicht gehen wollen. Der Endpunkt ist Ihr absolutes Traumziel. Irgendwo zwischen diesen beiden Zielpunkten liegt das realistische Ziel, das Sie tatsächlich anstreben (siehe Abbildung rechts).
- Starten Sie die Verhandlung mit *Ihrem Traumziel*. Bitte beginnen Sie nur dann gleich mit dem realistischen Ziel, wenn Sie nicht feilschen wollen und wissen, dass der andere das versteht.
- Überlegen Sie sich vorab Ihre Alternativen dazu.
- Halten Sie sich im Gespräch stets Ihr Ziel vor Augen. Verhandeln Sie entlang eines roten Fadens auf dieses Ziel (oder eine vorbereitete Alternative) zu. Biegen Sie so wenig wie möglich auf Nebenschauplätze (mehr dazu in Kapitel X.) ab, weder durch Attacken noch durch schlagfertige Bemerkungen. (Mehr dazu in Kapitel VIII.)
- Seien Sie klar und deutlich, wenn dies Ihrer Zielerreichung dient.
- Geben Sie nur nach, wenn es dem Ziel oder übergeordneten Zielen dient. (Mehr dazu in Kapitel VII.)

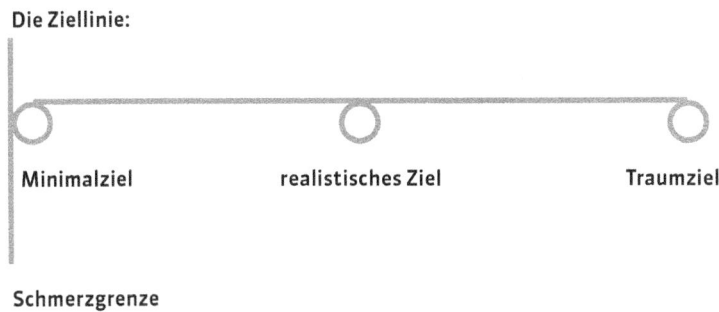

Die Ziellinie:

Minimalziel   realistisches Ziel   Traumziel

Schmerzgrenze

B. Weich zur Person

- Begegnen Sie Ihrem Gegenüber mit Respekt, wenn möglich sogar mit Wertschätzung.
- Seien Sie pünktlich (rufen Sie an, falls Sie sich verspäten) und höflich.
- Betonen Sie Gemeinsamkeiten. Stellen Sie Verbindendes vor Trennendes.
- Seien Sie weder gönner- noch oberlehrerhaft. Vergessen Sie bitte eines nicht: Sie haben weder das Recht noch die Pflicht, Ihr Gegenüber zu erziehen. (Mehr dazu in Punkt D.)
- Setzen Sie nette Gesten.
- Auch wenn Ihnen etwas Ironisches, Witziges oder Schlagfertiges auf der Zunge liegt – überlegen Sie gut, *bevor* Sie es aussprechen, ob der andere das auch lustig oder originell finden wird. Falls Sie sich nicht sicher sind, gibt es nur eines: Runterschlucken!

Die Sache von der Person zu trennen, hilft Ihnen auch dabei, schlechte Nachrichten zu überbringen und dem anderen dabei zu helfen, Maßnahmen, die für ihn unangenehm sind, besser zu „verdauen".

2008 brach das über Europa herein, was man gemeinhin „die Krise" nennt. Viele Firmen der unterschiedlichsten Branchen waren (und sind zum Teil immer noch) betroffen. Kurzarbeit wurde verordnet, Kündigungen ausgesprochen. Natürlich habe ich mit Seminarteilnehmern auch darüber gesprochen und dabei die unterschiedlichen Vorgehensweisen kennengelernt.

Zwei unterschiedliche Arten der Kündigung

„Ich erfuhr von der Kündigung per SMS", erzählte mir Renate, und ich teilte ihr Entsetzen. Hier fehlte die grüne Trennlinie komplett. Die SMS war eine moderne Keule. Der Vorgesetzte agierte hart in der Sache und hart zur Person. Von Respekt keine Spur. Schrecklich!

Ganz anders agierte der Firmenchef von Kurt. „Wochenlang habe ich gehofft, von der Kündigungswelle verschont zu bleiben", erzählte Kurt. „Dann wurde ich doch zum Vorgesetzten gerufen. Den Arbeitsplatz zu verlieren war hart. Doch der Chef brachte mir so viel Wertschätzung entgegen, legte mir seine Gründe dar und machte mir Mut. So gelang es mir, erhobenen Hauptes das Firmengebäude zu verlassen und mich gestärkt durch seine Worte und Vorschläge auf die Suche nach einem neuen Job zu begeben."

Ein „Bravo!" an den Exchef von Kurt. Er hat Sache und Person meisterhaft getrennt.

C. Wie es am besten gelingt, die grüne Trennlinie unangetastet zu lassen

Karsten und die grüne Linie
Karsten schickte mir zwei Monate nach dem Seminar folgende E-Mail:
„Bisher neigte ich dazu, nachzugeben, bevor es hart auf hart kam. Streiten ist mir unangenehm. Schnell kam mir der Gedanke: „Soll er doch haben, was er will, ist ja nicht so schlimm! Hauptsache er findet mich kompetent und sympathisch!" Wenn ich anschließend wieder in meinem Büro saß, ärgerte ich mich fürchterlich – über meinen Geschäftspartner, der meine Gutmütigkeit ausgenützt hat, und über mich, weil ich das zugelassen, manchmal sogar herausgefordert habe. Auch mein Chef war unzufrieden, weil ich mehr Zugeständnisse gemacht habe als meine Kollegen. Seit dem Seminar stelle ich mir gedanklich die grüne Trennlinie vor, bevor ich mit der Verhandlung beginne. Seither gelingt es mir um einiges besser, an meinem Ziel dranzubleiben. Ich bin weiterhin freundlich und verbindlich – aber ich verliere mein Ziel nicht mehr so schnell aus den Augen."

Vielleicht machen Sie es in Zukunft wie Karsten und nehmen gedanklich die grüne Trennlinie in jede Verhandlung mit. Sobald Sie Platz genommen haben, stellen Sie sich die Linie bildlich vor. Sie dient als Schutz vor Angriffen und als Gedächtnisstütze für Ihre Strategie „Hart in der Sache, weich zur Person!"

D. Kennen Sie auch so viele „Erziehungsberechtigte"?

„Hart zur Person" sind auch all die Menschen, die sich für die Erziehungsberechtigten ihrer Verhandlungspartner halten.

Wenn einer zu erziehen beginnt, dann kann er was erleben
„Was wollen Sie eigentlich genau von mir?", fragte unlängst ein Verkäufer genervt, als sich das Gespräch mit den zwei Einkäufern seines Kunden schon viel zu lange im Kreis drehte. Ich, als Verhandlungscoach mit dabei, atmete innerlich auf: Endlich einer, der zum roten Faden zurücklenkt.
Doch zu früh gefreut: „Das können wir Ihnen genau sagen!", lautete die Antwort. „Wir wollen, dass Sie uns ausreden lassen, wenn wir das Wort haben. Außerdem wollen wir, dass Sie höflicher sind ..."
Das konnte der Verkäufer nicht auf sich sitzen lassen. Ring frei für die Diskussion „Wer hat sich wann mehr danebenbenommen als der andere?"

Fakt ist: Die einen wollten kaufen, der andere wollte verkaufen. Durch das Streitgespräch ging der rote Faden völlig verloren. Alle Ziele liefen Gefahr, nicht erreicht zu werden. Keiner hatte *vor* der Verhandlung das Ziel gehabt, den anderen zu erziehen – darauf hätten sie daher lieber verzichten sollen.

Profitipp Nr. 5

Akzeptieren Sie Ihren Gesprächspartner, wie er ist. Er wird ohnehin kein anderer, auch wenn Sie sich das noch so innig wünschen und an ihm herumkritisieren. Sie können noch so viele Maßnahmen ergreifen, ändern können Sie ihn nicht. Das kann nur er selbst.

Also sparen Sie sich die Mühe. Es kostet nur Zeit und Energie und bringt Sie selten Ihrem Ziel näher. Ganz zu schweigen davon, dass Sie dadurch die Beziehung zu Ihrem Gesprächspartner sicher nicht verbessern. Habe ich schon erwähnt, dass sich die Regeln dieses Buches sehr gut auch für das Privatleben eignen? Warum bloß fällt mir das gerade jetzt ein?

Wenn wir den anderen *sein* lassen, wie er ist, heißt das nicht, dass Sie sich alles, was er *tut* oder *sagt*, gefallen lassen müssen! Doch es gibt elegante, zukunftsorientierte Wege, damit umzugehen: „Die 3 R Regel" finden Sie in Kapitel XVIII., den „4-Phasen–Plan" in Kapitel XIII.

Wenn Sie die Trennung zwischen Sache und Person stets berücksichtigen, dann haben Sie beste Chancen, eine wirklich gute Verhandlung zu führen. Apropos „gute Verhandlung", das bringt uns zur Frage:

41

VII.
Wann ist eine Verhandlung eine gute Verhandlung?

Stellen Sie sich vor, Sie haben soeben ein Gespräch, ein Telefonat, eine Verhandlung beendet. Wie muss dieses/diese abgelaufen sein, wie muss es/sie ausgegangen sein, damit Sie sagen können: „Das war gut! Ich bin zufrieden."?

_____
_____
_____
_____
_____
_____

Haben Sie geschrieben: „Es war dann gut, wenn ich mein Ziel erreicht habe!"? Das ist keine schlechte Antwort. Nicht wirklich überraschend, aber sicher nicht falsch. Und doch drängen sich folgende Fragen auf: Gilt das immer? Reicht das aus? Ginge es nicht noch besser?

A. Wenn das Ergebnis nicht dem Ziel entspricht

Stellen Sie sich vor, Sie haben Ihr Ziel nicht erreicht. Dafür haben sich im Gespräch Chancen eröffnet, mit denen Sie vorab nicht gerechnet hatten. Sie ergreifen diese Chancen und erzielen ein Ergebnis, mit dem Sie höchst zufrieden sind. Ihr ursprüngliches Ziel haben Sie allerdings nicht erreicht. War diese Verhandlung dennoch gut? Ja, selbstverständlich war sie das.

Sie können in der Verhandlung jederzeit vom ursprünglichen Ziel abweichen und ein anderes, *bisweilen sogar* vielversprechenderes Ziel ansteuern. Sorgen Sie dafür, dass das ganz bewusst geschieht, dass Sie sich also immer vor Augen führen, welches Ziel Sie ursprünglich erreichen wollten und was Sie jetzt stattdessen wollen. Lassen Sie sich nicht unbewusst von der Zielerreichung abbringen.

Profitipp Nr. 6

Das Ergebnis ist einer der wesentlichsten Bestandteile einer Verhandlung – schließlich ist es ja der Grund, warum wir eine Verhandlung überhaupt führen.

Ist daher jede Verhandlung, die *kein Ergebnis* bringt, automatisch eine schlechte Verhandlung? Nein, natürlich nicht.
War damit eine Verhandlung, in der ich mein Ziel (noch) nicht erreicht, aber ein sehr nettes Gespräch geführt habe, das die Beziehung zu meinem Gesprächspartner verbessert hat, unbedingt eine schlechte Verhandlung? Nein, natürlich auch nicht!

Bei komplexeren Themen ist ein Ergebnis oft erst nach mehreren Verhandlungsgesprächen möglich. Meist sind wir froh über Zwischenergebnisse.

B. Wenn es kein Ergebnis gibt

Manchmal müssen wir allerdings zur Kenntnis nehmen, dass wir trotz intensivster Verhandlung und gekonnter Verhandlungsführung das angestrebte Ergebnis nicht erreichen können. Entweder, weil

1. die Ausgangslage eine aussichtslose war.

Ich kann noch so gut verhandeln, ich werde als Österreicherin nicht an der Mister-Dänemark-Wahl teilnehmen dürfen. Das *ist* ein aussichtsloses Unterfangen!

2. unser Verhandlungspartner nicht zustimmen konnte oder wollte.

Ich kann noch so gut verhandeln, ich werde dem Bischof den Dom nicht abkaufen können. Hier *kann* der Verhandlungspartner nicht zustimmen. Ich werde noch so viel Geld bieten können, man wird mir ein Gemälde nicht verkaufen, wenn der Eigentümer damit sentimentale Erinnerungen verbindet. Hier *will* der Verhandlungspartner nicht zustimmen.

3. ein anderer (noch) bessere Chancen hatte.

Ich kann noch so gut verhandeln, ich werde die Wohnung nicht mieten können, wenn ein anderer schneller war, bereit ist, mehr zu zahlen, oder mit dem Vermieter befreundet ist. In einer solchen Situation ist die durch meine Verhandlung erreichte *Klarheit* das positive Ergebnis.

C. Heiligt das Ergebnis die Mittel, die ich dafür eingesetzt habe? Oder anders gefragt: Hauptsache ich habe mein Ziel erreicht, egal wie?

Was ist hingegen, wenn ich zwar mein Ziel erreicht habe, aber nur mit faulen Tricks oder Drohungen oder nach einem fürchterlichen Streit? Oder wenn ich zwei Stunden für ein Ergebnis brauchte, das ich auch in einer halben Stunde hätte erreichen können? Waren das dann gute Verhandlungen? Nein, das waren sie mit Sicherheit nicht.

Es ist wichtig, dass wir die Beziehung zu unserem Gegenüber und zu allen anderen an der Verhandlung beteiligten Personen stets im Auge behalten. Ebenso wichtig ist aber natürlich auch, dass wir im Gespräch einen roten Faden verfolgen. Allerdings erscheint es oft vielen wie ein Mysterium, wo dieser rote Faden denn nun wirklich verläuft. Dabei ist es ganz simpel.

Der rote Faden beginnt bei der *Ausgangslage*, die wir vor der Verhandlung vorfinden, und führt zum angestrebten *Ziel* (oder einer sinnvollen, möglichst schon in der Vorbereitung bedachten *Alternative*).

(Sie waren so freundlich, sich die Trennlinie zwischen „Sache" und „Person" in Grün vorzustellen. Könnten Sie sich diesen Pfeil, das Sinnbild des roten Fadens, bitte in Rot vorstellen?)

Profitipp Nr. 7

Eine gute *Verhandlung* erfüllt drei Kriterien:
Sie sind mit dem **Ergebnis** zufrieden. Noch besser ist es selbstverständlich, wenn alle Gesprächspartner mit dem

Ergebnis (zumindest halbwegs) zufrieden sind – es also eine Win-win-Situation ist.

Die **Beziehung** zwischen allen an der Verhandlung beteiligten Personen ist zumindest gleich gut geblieben. Noch besser wäre es, wenn sie sich durch die Verhandlung verbessert hätte.

Und wir haben **effizient** entlang eines roten Fadens verhandelt. Der rote Faden verläuft von der Ausgangslage hin zum Ziel oder zu einer vorbereiteten Alternative. Nur wer das Ziel immer im Auge behält, kann entlang des roten Fadens verhandeln.

Fehlt aber nicht noch ein vierter Punkt? Müsste es nicht auch noch heißen: „Eine Verhandlung ist erst dann gut, wenn ich schlagfertig war!"?

Sie schütteln den Kopf? Mit Recht.

Bevor wir uns im Detail den Themen Ergebnis, Beziehung und Effizienz widmen, folgt die spannende Frage, die wahrscheinlich mit dazu beigetragen hat, dass Sie dieses Buch lesen.

VIII.
Ist Schlagfertigkeit wirklich von gestern?

Warum soll Schlagfertigkeit eigentlich von gestern sein? Unzählige Bücher behaupten doch das genaue Gegenteil. Viele Menschen sind stolz darauf, zu den Schlagfertigen zu gehören. Noch viel mehr Menschen wären es gerne. Und jetzt kommt dieses Buch und sagt: „Schlagfertig war gestern!" Frau Rauchberger, wie kommen Sie denn zu dieser Ansicht?

Meine Antwort ist ebenso einfach wie hoffentlich überzeugend: Ich stütze mich auf langjährige Erfahrung und viele, viele anschauliche Beispiele. Immer wieder treffe ich auf Gesprächspartner, die glauben, der beste Verhandler sei derjenige, der am schlagfertigsten kontert. Wie oft bin ich bei Gesprächen zusammengezuckt, wenn wieder einmal eine schlagfertige, verbale Ohrfeige ausgeteilt wurde. Oder ich habe mich fremdgeschämt. Kennen Sie den Ausdruck „fremdschämen"? In Österreich wurde er 2010 sogar zum

„Wort des Jahres". In der Kommunikation bedeutet es, dass jemand etwas sagt und es offensichtlich richtig und schlagfertig findet, aber jemand anderem sind seine Worte furchtbar peinlich.

Dabei ist bereits das Wort „schlagfertig" verräterisch. Es besteht aus den beiden Komponenten „Schlag" und „fertig". Und wer braucht das? Ist es der Sinn unserer Gespräche und Verhandlungen, dass wir zuschlagen, bis der andere fertig ist? Dass wir „den Gegner sprach-matt" setzen, wie es das Cover von „Das NonPlusUltra der Schlag-fertigkeit"[L] verspricht?

„Also bitte, Frau Rauchberger, ist das nicht etwas zu streng?", höre ich manche von Ihnen fragen und sehe deutlich Ihr Stirnrunzeln vor meinem geistigen Auge. „Schlagfertigkeit kann doch auch originell und lustig sein!"

„Ja", gebe ich zu, weil ich ein ehrlicher Mensch bin. Weil ich aber auch ein vernünftiger Mensch bin, schränke ich ein: „Fragt sich nur, für wen."

Doch nun von mir zu Ihnen:

> *Wann ist es Ihnen das letzte Mal wie folgt ergangen:*
> *Jemand sagte etwas und Sie wussten beim besten Willen nicht,*
> *was Sie darauf erwidern sollten?*

_____

_____

Was haben Sie gemacht? Geschwiegen und sich mies gefühlt? Oder haben Sie irgendetwas geantwortet und waren damit alles andere als zufrieden? Haben Sie sich geärgert: „Wenn ich doch nur ein wenig schlagfertiger wäre!"? Und dann, zwei Stunden später (oder am Abend vor dem Einschlafen), da war sie plötzlich da: die Antwort des Jahrhunderts! Originell, scharfzüngig, genial, einfach unglaublich schlagfertig! Wenn Ihnen diese Antwort nur rechtzeitig eingefallen wäre, na, der andere hätte ordentlich aus der Wäsche geschaut. Aber so: Zu spät, Chance vertan.

Chance vertan? Oder doch besser „Gott sei Dank"?

⚠ Solche „Antworten des Jahrhunderts" helfen selten dabei, die Beziehung zum Gegenüber zu verbessern. Außerdem gilt: Während Menschen schlagfertig sind, lassen sie meist den roten Faden völlig außer Acht und setzen damit die Erreichung ihres Ziels aufs Spiel.

Profitipp Nr. 8

Wer denkt, schlagfertig zu sein mache einen guten Verhandler aus, der setzt oft die Beziehung zum Gegenüber und damit auch seinen nachhaltigen Erfolg aufs Spiel. Das ist nicht nur riskant, das ist auch dumm.

Um den Vorwurf zu entkräften, ich sei in dieser Frage allzu streng, folgt nun eine Ausnahme von der „Schlagfertig war gestern"-Regel: Wenn Ihnen zum geeigneten Zeitpunkt tatsächlich etwas *Originelles* einfällt, das der *effizienten Zielerreichung* dient und die *Beziehung* nicht gefährdet – wenn Sie also, im positiven Sinn des Wortes, schlagfertig sein können –, dann sagen Sie es, freuen Sie sich und klopfen Sie sich drei Mal auf die Schulter. Gut gemacht.

Andererseits muss auch eines gesagt werden: Falls Ihnen so etwas nicht einfällt, ist es vollkommen egal. Nicht Originalität und Schlagfertigkeit zählen am Ende, sondern Ergebnis und Beziehung.

Profitipp Nr. 9

Sie können beruhigt damit aufhören, sich unter Druck zu setzen, schlagfertig sein zu müssen. In den meisten Fällen ist es gescheiter, Sie sind es nicht.

Ich möchte Ihnen und allen anderen klugen Menschen Mut machen: Trauen Sie sich ruhig, den Mund aufzumachen, wenn Sie über die entsprechenden Fachkenntnisse verfügen und etwas zu sagen haben. Es ist ganz egal, ob Sie schlagfertig sind oder nicht! Vielleicht interessiert Sie hierzu auch mein Beitrag im Survival-Guide für Berufseinsteiger „Die Bildungslücke"[L]. In diesem Buch verraten zwanzig Experten ihre Tipps zu Themen, über die wir an Schulen und Universitäten nichts erfahren, die aber sehr wichtig sind. „Verhandeln" ist eines dieser Themen.

Profitipp Nr. 10
Eine Verhandlung ist kein Originalitätswettbewerb!
Es geht in einer Verhandlung darum, sein(e) Ziel(e) möglichst gut und effizient zu erreichen und die Beziehung zum Gesprächspartner zu verbessern – um nicht weniger, aber auch um nicht mehr.

Diesen Profitipp möchte ich all jenen ins Stammbuch schreiben, die gerne schlagfertig sind oder sein würden. Auch ich selbst bin gerne originell und es würde mir sogar durchaus häufig zur rechten Zeit etwas wirklich Treffendes, Witziges oder Schneidendes einfallen. Mancher „Schlagfertigkeits-Experte" hätte seine wahre Freude an mir.

Doch die Erfahrung hat mich gelehrt: Diese witzigen, scharfen oder schlagfertigen Aussagen gefallen meist nur mir wirklich gut – und auch das nur einen Augenblick lang. Denn kaum habe ich sie getätigt, könnte ich mir schon wieder auf die Zunge beißen. Ich erkenne mit Schrecken (Scham oder Schuldbewusstsein), dass sie entweder meiner Zielerreichung schaden oder mein Gegenüber verärgern oder kränken. Und dann frage ich mich: Warum soll ich mir mit verbalen Fettnäpfchen mein Leben unnötig schwer machen? Warum sollen wir riskieren, dass unsere Firma einen Geschäftspartner verliert, nur weil ich beweisen wollte, dass ich besonders *schlagfertig* sein kann?

Profitipp Nr. 11

Wir sind es unserem Arbeit- oder Auftraggeber und uns selbst schuldig, das Ziel im Auge zu behalten. Es ist mangelnde Loyalität zu den genannten Personen oder Unternehmen, wenn wir nur um einer schlagfertigen Bemerkung willen Ziel und Beziehung aufs Spiel setzen.

Natürlich verkneife ich mir Originelles nicht immer. Dabei passe ich jedoch gut darauf auf, dass meine Antwort nicht auf Kosten anderer geht und auch mich nicht in ein schiefes Licht rückt. Das ist reiner Selbstschutz und im Laufe der Jahre erarbeitete Selbstdisziplin.

Profitipp Nr. 12

Selbstdisziplin ist eine der wichtigsten Eigenschaften für zielorientierte Kommunikation. Tut mir leid, wenn Sie das vielleicht nicht so gerne hören – aber es ist so.

IX.
Frau Rauchberger und die Schlagfertigkeit

Haben Sie schon einmal eines der vielen Schlagfertigkeitsbücher gelesen? War ein gutes dabei, eines, von dem Sie tatsächlich in Ihrem Alltag profitiert haben? Mit *mehr als* ein paar ganz brauchbaren Tipps? Ja? Das ist interessant. Würden Sie mir bitte den Titel dieses Buches mailen? Mir selbst ist nämlich noch kein Schlagfertigkeitsbuch in die Hände gefallen, das ich mit bestem Wissen und Gewissen weiterempfehlen könnte. (Und glauben Sie mir, ich habe schon viele in den Händen gehabt.) Natürlich finde ich in Schlagfertigkeitsbüchern immer wieder Tipps, die ich gut finde, und einige, bei denen ich mir denke: „Das könntest du einmal ausprobieren!" Alles in allem ist mir aber aufgefallen: Viele der Ratschläge zeichnen sich dadurch aus, dass sie in der Theorie vielleicht originell klingen (oftmals nicht einmal das). Würde ich sie jedoch im „wirklichen Leben" in die Tat umsetzen, na, dann viel Glück! Die Konsequenzen wären ganz andere als die, die ich mir gewünscht hätte, und ich hätte mutwillig Ziel und Beziehung aufs Spiel gesetzt. Und das will ich nicht. Eine wichtige Bemerkung vorweg, bevor wir gleich zu Beispielen aus der Welt der Schlagfertigkeit kommen: Ich habe in den letzten Jahren vieles aus Büchern oder Zeitschriften zusammengesammelt. Die Beispiele sind also bunt gemischt. Dazu gibt es meine Kommentare und wir besprechen die Auswirkungen auf Ihre Verhandlungen. Ein Buch nannte ich bereits: „Das NonPlusUltra der Schlagfertigkeit"[L]. Es bietet viele besonders anschauliche Beispiele. Matthias Pöhm, ein anerkannter Schlagfertigkeitsexperte, hat es geschrieben.

A. Worin Frau Rauchberger und die meisten Schlagfertigkeitsexperten übereinstimmen

1. **Wir brauchen uns nicht alles gefallen zu lassen.** Wenn uns die Aussage unseres Gesprächspartners missfällt, er uns angreift oder klein machen will, dann ist es unser gutes Recht, uns zu wehren. Ich bin allerdings dafür, immer darauf zu achten, *wer* mein Gegenüber ist und *in welchem Zusammenhang* eine Aussage fällt. Außerdem rate ich davon ab, Gleiches mit Gleichem zu vergelten und in einen munteren Schlagabtausch einzutreten.

2. **Wenn uns einer auf die rechte Wange schlägt, brauchen wir nicht auch noch die linke hinzuhalten.** Würden wir es doch zulassen, wäre das zwar im Sinne der Bibel, aber in Verhandlungen bringt es uns selten zum Ziel.

3. **Es ist eine gute Idee, möglichst schnell auf die Sachebene zurückzukehren.** Es ist in den meisten Fällen besser, dumme, unsachliche oder bösartige Bemerkungen so rasch wie möglich wieder vom Tisch zu haben und sie nicht zum Gegenstand der Diskussion zu machen.

4. **Den anderen zu ignorieren, ist selten eine gute Idee.** Dadurch bestünde nämlich die Gefahr, dass er sich bestätigt fühlt.

Möglicherweise nimmt er auch an, wir hätten ihn nicht gehört, und wiederholt seinen Angriff oder verschärft ihn sogar. Mit diesem Thema beschäftigen wir uns in Kapitel XVI. noch genauer.

5. **Zeigen Sie Ihrem Angreifer nicht, dass er Sie kleingekriegt hat,** indem Sie den Kopf hängen lassen, auf die Schuhspitzen starren und leise irgendetwas vor sich hin murmeln oder mit eingezogenem Kopf wortlos das Weite suchen. Stehen Sie gerade, blicken Sie Ihrem Gegenüber ins Gesicht und dann antworten Sie mit – möglichst – fester Stimme.

Bei der Frage, wie man diese Punkte in die Tat umsetzt, endet die Übereinstimmung mit den Schlagfertigkeitsexperten auch schon wieder.

B. Grundgedanken, in denen sich Schlagfertigkeitsexperten und Frau Rauchberger unterscheiden

Der namhafte Schlagfertigkeitsexperte wendet sich an seine Leser: „Scheitern gehört zum Leben wie auch zur Schlagfertigkeit. Geben Sie weiterhin schlagfertige Antworten, auch wenn eine Antwort danebengeht. Sie können niemals vorher wissen, wie Ihre Bemerkung ankommt."

Ja, richtig, Scheitern gehört zum Leben. Ja, richtig, wir wissen nie mit absoluter Gewissheit, wie eine Bemerkung ankommt. Aber sein eigenes Scheitern mutwillig herbeizuführen hilft weder unserem Verhandlungserfolg noch der Beziehung zu meinem Gesprächspartner noch mir selbst. Und wenn ich schon *weiß*, dass ich nicht weiß, wie eine harmlose Aussage ankommt, dann werde ich auf Bemerkungen, von denen ich *weiß* (oder zumindest *ahne* oder bei einiger Überlegung *ahnen müsste*), dass sie schlecht ankommen, auf alle Fälle verzichten.

Profitipp Nr. 13

Es ist vernünftig, erwachsen, ziel- und erfolgsorientiert, nicht alles zu sagen, was einem in den Sinn kommt.

Es ist viel besser, einer schlagfertigen Bemerkung nachzutrauern, die Sie *nicht* gemacht haben, als einem Erfolg nachzutrauern, weil Sie schlagfertig waren.

Derselbe Schlagfertigkeitsexperte „ermuntert" seine Leser, „angriffige Retourkutschen", über die man „richtig schmunzeln und seine klammheimliche Schadenfreude ausleben" kann, auf jeden Fall auszusprechen – auch wenn Sie nicht wissen, wie es aufgenommen wird. *Sein* wichtigstes Prinzip zum Thema Schlagfertigkeit lautet: „*Handle mutig und du wirst mutig!*"

Es überrascht Sie nicht wirklich, dass ich das anders sehe, nicht wahr? Ich sage stattdessen: Überlegen Sie sich bitte *unbedingt im Vorfeld*, wie etwas, das Sie sagen wollen, aufgenommen werden könnte. Und verzichten Sie in Verhandlungen auf beziehungs- und zielfeindliche Aussagen, auch wenn sie noch so *mutig* gewesen wären. Denn eines *meiner* wichtigsten Prinzipien lautet: „*Handle ziel- und beziehungsorientiert und du bist erfolgreich.*" Oder auch: „*Handle mutig, ohne dir selbst zu schaden.*"

Suchen Sie sich aus, welcher der beiden Meinungen Sie sich anschließen wollen.

C. O je, Ironie!

Beispiel aus einem Schlagfertigkeitsbuch

Jemand sagt: „Sie machen immer wieder den gleichen Fehler!" Der Schlagfertigkeitsexperte rät, zu antworten: „Da muss ich mir wenigstens keine neuen überlegen!"

Mein Gott, wie schlagfertig! Aber ist diese Antwort auch *klug*? Ist sie *zielorientiert*?

Absolut nicht! Wie um alles in der Welt verbessere ich meine Verhandlungsposition damit, dass ich offiziell zugebe, ein träges Gewohnheitstier zu sein, dem es nichts ausmacht, immer wieder dieselben Fehler zu machen, Hauptsache ich muss mir nichts Neues überlegen?

„Aber die schlagfertige Antwort war doch *ironisch* gemeint", werden Sie jetzt vielleicht einwenden, „die darf man doch nicht ernst nehmen!"

Bevor wir daher mit der Schlagfertigkeit fortfahren, ein paar Worte zum Thema Ironie. Wenn Sie es nicht aushalten und sofort wissen wollen, was man tatsächlich darauf antworten sollte, wenn einem jemand vorwirft: „Sie machen immer den gleichen Fehler", dann schauen Sie schnell in Kapitel XXII. nach. Und danach sehen wir uns hier wieder.

1. Lieben Sie Ironie?

Dann habe ich eine erstaunliche Information für Sie: Wussten Sie, dass mehr als die Hälfte der Menschen in unseren Breiten Ironie nicht versteht? Diese Menschen nehmen immer wieder etwas für bare Münze, was Sie *sagen*, jedoch gar nicht so *meinen*. Laut einer Untersuchung verstehen mindestens 50 Prozent der Menschen in Deutschland Ironie nicht. In Österreich, Südtirol und der Schweiz wird das nicht viel anders sein.

Wenn Sie in Deutschland wohnen, erinnern Sie sich vielleicht noch an die Werbung im Fernsehen, in der Sie von Prominenten inständig darum gebeten wurden, *nicht* wählen zu gehen. Diese Kampagne löste ungeheure Verwirrung aus, denn die Aussagen waren nicht ernst, sondern ironisch gemeint. Das hat vor den Bildschirmen leider kaum jemand verstanden. So ein Pech aber auch!

Erfahrene Journalisten wissen: Je breiter das Publikum, an das sie sich wenden, umso höher ist die Gefahr, dass Ironie an einem großen Teil der Adressaten vorbeigeht. Daher halten sie sich an den warnenden Merksatz „Ironie – versteht der Leser nie!" In den Printmedien ist Ironie (von unfreiwilliger abgesehen) daher meist nur in klar gekennzeichneten Glossen anzutreffen.

2. Frau Rauchberger und die Ironie

Ich selbst habe eine große Schwäche für Ironie. Ironie kann lustig oder geistreich sein und sie kann die Stimmung heben – wenn der andere Ironie versteht! Versteht er sie nicht, läuft die Originalität bestenfalls ins Leere. Gefährlicher ist es, wenn Ihr Gesprächspartner nicht versteht, *wie* Sie etwas meinen, und Ihnen nicht folgen kann. Oder er nimmt Ihre Worte für bare Münze, was zu Missverständnissen und negativen Emotionen führen kann. Oft wird es auch peinlich und richtig unangenehm. Zwei Beispiele aus meinem Leben gefällig?

Beispiel Nr. 1: Frau Rauchberger spricht ganz *bewusst* ironisch und bereut es bitter

Eines Abends hielt ich einen Vortrag bei „Rotary" vor lauter Männern. Falls Ihnen „Rotary" kein Begriff sein sollte: Die Mitglieder engagieren sich für wohltätige Zwecke und unterstützen einander auch gegenseitig mit Rat und Tat. Es ist also eine sehr sinnvolle Einrichtung.

In einem Nebensatz erwähnte ich, dass ich selbst Mitglied bei EWMD bin – dem internationalen Netzwerk für weibliche Führungskräfte. In der anschließenden Fragerunde stand ein Mann auf und sagte mit abfälligem Ton: „Ihr da, in eurem Netzwerk, macht ihr da auch etwas so Gescheites wie wir oder wird nur sinnlos geplaudert?"

„Na", dachte ich mir, „jetzt ist der richtige Zeitpunkt für Ironie!"

SCHLAGFERTIG WAR GESTERN!

> „Natürlich versuchen wir immer so gescheit zu sein wie Siiiiie",
> sagte ich (mit unglaublich bewunderndem Blick und drama-
> tischer Geste in Richtung des Fragenden), „aber dazwischen
> plaudern wir auch."
> Das gefiel mir gut – für einen Augenblick.
> Denn der Mann drehte sich zu seinen Freunden um und sagte:
> „Na ja, sie ist wenigstens ehrlich!"

Da stand ich nun. Jetzt zu erklären, dass es ironisch gemeint war,
hätte die Situation nur verschlimmert. Also ärgerte ich mich still
über ihn ... und über mich. Und ich beschloss, mir in Zukunft in jeder
einzelnen Situation noch besser zu überlegen, ob Ironie wirklich
das beste Mittel ist, um auf dumme Angriffe zu antworten.

> **Beispiel Nr. 2: Frau Rauchberger spricht *unbewusst*
> ironisch und bereut es bitter**
> Es ist der Morgen des zweiten Seminartags. Der erste Teil-
> nehmer erscheint. Das Gesicht blass, die Augen blutunter-
> laufen, das Haar wirr, die Krawatte hängt schief, lauter
> Anzeichen einer feuchtfröhlichen Nacht.
> „Na, Sie schauen gut aus", sage ich aus einem Impuls heraus.
> Warum müssen meine Impulse bloß so oft in Ironie mün-
> den? Der Mann stutzt und beginnt dann sein Hemd aufzu-
> knöpfen: „Ja, ich habe mir die Brust rasiert!"
> Jetzt verschlägt es mir kurz die Sprache: „Das wusste ich
> nicht", stammle ich (... und das wollte ich auch gar nicht wis-
> sen, um genau zu sein ...).
> „Warum sagen Sie denn dann, dass ich gut aussehe?"
> „Na, wegen Ihres Gesichts!"

> Er reißt die müden Augen auf: „Mein Gesicht gefällt Ihnen also?"
>
> „Wie komme ich nur aus dieser Nummer wieder heraus?", überlege ich leicht panisch. „Ich muss noch etwas mit dem Veranstalter besprechen", sage ich schließlich und fliehe.

Jetzt verstehen Sie sicher, warum der nächste Profitipp lautet:

Profitipp Nr. 14
Vorsicht vor Ironie!
Überlegen Sie sich bitte vor einer ironischen Äußerung, ob die realistische Chance besteht, dass der andere die Ironie erkennt! Wenn Sie sich nicht sicher sind, verzichten Sie besser darauf – in Ihrem eigenen Interesse.

Bedenken Sie: Auch wenn man selbst ein Faible für Ironie hat, heißt das noch lange nicht, dass man selbst jede ironische Äußerung als solche versteht. Nicht nur einmal habe ich eine Frage eines Seminarteilnehmers ernsthaft zu beantworten begonnen und bin erst darauf gekommen, dass es sich dabei um Ironie gehandelt hat, als die Gruppe lachend sagte: „Aber Frau Rauchberger!"

3. Ironie in Wort und Schrift
Natürlich können Sie nach jeder ironisch gemeinten Äußerung anmerken: „Das meine ich jetzt nicht ernst", oder: „Das habe ich ironisch gemeint." Hat der andere Ihre Bemerkung ernst genommen, so hilft dies, Klarheit zu schaffen und gegebenenfalls (hoffentlich) die Wogen zu glätten. Andererseits macht dies die Unterhaltung ziemlich mühsam – für alle Beteiligten.

X.
Griffige Beispiele zum Thema Schlagfertigkeit

„O du fröhliche …!"
Folgenden Tipp fand ich in einer beliebten Frauenzeitschrift. Das Motto war: „Wie Sie gekonnt über die Weihnachtsfeiertage kommen!"
Schwiegermutter vorwurfsvoll: „Du bereitest die Gans ganz anders zu als ich!"
Empfohlene Antwort: „Richtig, liebe Schwiegermama! Darum schmeckt es ja auch allen so gut!"

Na dann: Fröhliche Weihnachten! Das ist in der Tat schlagfertig, aber ob Sie damit wirklich gekonnt über die Weihnachtsfeiertage kommen, wage ich zu bezweifeln. Ich sehe eher Tränen, höre Gezänk und knallende Türen. Vielleicht spaltet sich die Familie in zwei Lager. Den einen schmeckt Ihre Gans besser. Die anderen halten Sie für eine! Es gibt Streit … und vorbei ist es mit dem Weihnachtsfrieden. Wenn Ihre Schwiegermutter allerdings so klug ist, *nicht* in den Zweikampf einzutreten, bleibt der Weihnachtsfrieden bestehen. Doch damit würde ich nicht unbedingt rechnen. Oder *Sie selbst* geben klein bei, entschuldigen sich, sagen, dass Sie es doch gar nicht so gemeint haben … und vielleicht, aber auch nur vielleicht, können Sie retten, was noch zu retten ist. Warum haben Sie sich dann die schlagfertige Aussage nicht gleich verkniffen, die Stimmung nicht gefährdet und sich selbst (und allen Anwesenden) das Leben nicht gar so schwer gemacht? Wahrscheinlich weil Sie die „3 R Regel" aus Kapitel XVIII. noch nicht kennen.

Profitipp Nr. 15

Sie brauchen sich **nicht** alles gefallen zu lassen. Sie müssen nicht alles, was Ihnen missfällt, schweigend und gottergeben hinnehmen. Doch bevor Sie „schlagen, um den anderen fertigzumachen", greifen Sie lieber zu eleganteren Mitteln. (Sie finden meine „Wunderwaffe", die „3 R Regel", in Kapitel XVIII.)

A. Frau Rauchberger bringt Nebenschauplätze ins Spiel

Beispiele wie das folgende finden sich in vielen Büchern:

Auf den Kopf gefallen
Jemand sagt: „Man hat Sie wohl als Kind auf den Kopf fallen lassen!"
Darauf rät ein Experte, zu antworten: „Da kann ich mich wenigstens auf Ihrem Niveau unterhalten!"

Was soll denn das für einen Sinn haben? Wie wird dieses Gespräch weiter verlaufen?

„Wie reden Sie denn mit mir?!", wird der „Jemand" entrüstet ausrufen. „Sie haben doch angefangen!", werden Sie ebenso entrüstet entgegnen.

Schon sind Sie mitten in einer Diskussion darüber, wer angefangen hat und wer daher wie antworten darf. Das sind lauter *Nebenschauplätze*, die vom roten Faden wegführen. Schließlich haben Sie das Gespräch nicht mit dem Ziel begonnen, zu klären, wer womit angefangen hat, oder?

Profitipp Nr. 16
Nebenschauplätze

- führen immer vom roten Faden weg.
- rufen oftmals in uns und/oder im anderen negative Gefühle hervor.
- führen nie zum Ziel und verbessern höchst selten die Beziehung.
- sollten wir daher, wann immer möglich, vermeiden beziehungsweise wir sollten möglichst schnell zum roten Faden zurückkehren, wenn der andere ihn verlassen hat.

„Er hat angefangen!" ist seit der Sandkiste out

„Er hat angefangen!", sagt das Kleinkind, dem soeben auf dem Spielplatz ein anderes mit der Schaufel auf den Kopf geschlagen hat, und „antwortet" mit dem Sieb.

„Hör sofort auf damit!", ruft die erwachsene Begleitperson (hoffentlich), „ihr wollt doch morgen auch noch zusammen spielen!"

Wie recht die kluge, weitsichtige Begleitperson damit hat! Warum begeben sich Erwachsene auf Sandkisten-Niveau? Nur weil sich jemand danebenbenimmt, ist das kein Freibrief, es ebenfalls zu tun.

.

Profitipp Nr. 17

Es ist egal, wer damit angefangen hat, den roten Faden eines Gesprächs zu verlassen. Es ist wichtig, so schnell wie möglich zum roten Faden zurückzukehren.

Sehen wir uns den roten Faden des Gesprächs „Du bist als Kind auf den Kopf gefallen!" schematisch an:

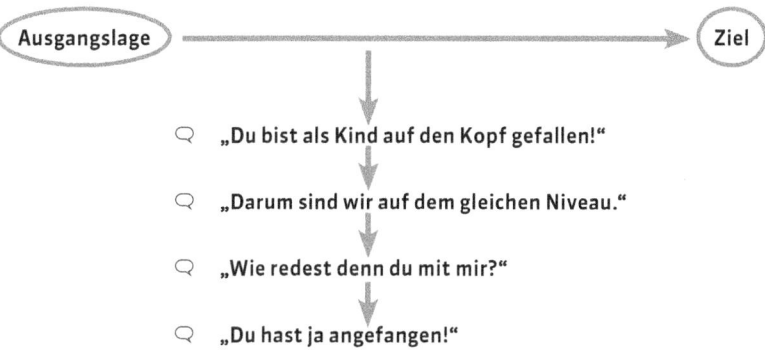

Auf diese Weise kommen wir Nebenschauplatz für Nebenschauplatz vom roten Faden weg.

Profitipp Nr. 18

Je weiter wir uns auf unserem Weg auf Nebenschauplätze nach unten bewegen, desto schwieriger wird es anschließend, wieder zum roten Faden zurückzukehren.

Und selbst wenn uns dies gelingt, sind wir damit auf dem roten Faden oft ein gutes Stück zurückgefallen, statt – wie wir es *eigentlich* vorgehabt haben – uns in Richtung Ziel zu bewegen.

B. Frau Rauchberger schlägt wahllos zwei Seiten auf

In meinem Fachgebiet der Kommunikation und allem, was dazugehört, kommen im Laufe eines Jahres viele Bücher auf den Markt. Manche kaufe ich blind, weil ich die Autoren schätze. Andere nehme ich in einer Buchhandlung in die Hand, schlage wahllos zwei Seiten auf und lese sie durch. Dabei erkenne ich schnell, ob sich das Buch zu lesen lohnt.

Außerdem: Wenn ich Glück habe, merke ich mir etwas Gescheites. Meistens merke ich mir eher das Absurde.

Kürzlich war es wieder einmal so weit. Ich stehe in der Buchhandlung, greife nach einem Schlagfertigkeitsbuch, schlage es auf und lande im Vorwort: „Bei Schlagfertigkeit", so der Schlagfertigkeitsexperte, „kommt es *nicht* darauf an, wie es dem *anderen* damit geht, wenn Sie schlagfertig waren. Es kommt nur darauf an, wie *Sie selbst* sich fühlen!"

Sapperlot! Wo gibt es denn so was? Wo kommt es ausschließlich darauf an, wie *ich* mich fühle? Ohne Rücksicht auf andere? Da fallen mir beim besten Willen nicht viele Situationen ein. Nicht einmal als Einsiedler im Wald kommt es ausschließlich darauf an, wie ich mich fühle. Auch dort habe ich auf Tiere und Pflanzen Rücksicht zu nehmen. Und im Miteinander mit anderen Menschen? Da soll es auf einmal nur darauf ankommen, wie ich mich fühle? Das kann doch nicht der Sinn von Kommunikation sein! Was bringt es mir, wenn ich nur mich in den Mittelpunkt rücke und dabei völlig aus den Augen verliere, wie es dem anderen damit geht und vor allem auch was ich *erreichen* wollte?

Diese Aussage ist ein klarer Beweis dafür, dass die in zahlreichen Büchern viel gepriesene Schlagfertigkeit an der Sinnhaftigkeit vorbeizielt.

Dasselbe Schlagfertigkeitsbuch, andere Seite (irgendwo in der Buchmitte):

C. Die Geschichte mit dem Spatzenhirn

Das Spatzenhirn

„Sie haben ja ein Spatzenhirn!", sagt jemand zu Ihnen.
Darauf rät der Schlagfertigkeitsexperte, zu antworten:
„Gegen Ihr Hirn ist mein Hirn immer noch ein Großhirn!"

Das ist also schlagfertig!? Ich finde es nicht einmal originell, sondern nur dumm. Ein Seminarteilnehmer hat gemeint, er würde antworten: „Ich habe wenigstens eines!"
Dieser Ausspruch ist schlagfertig und um einiges origineller. Aber wirklich *klug* und *zielorientiert* ist auch er nicht.
Ich habe bereits den schönen Begriff „Fremdschämen" erwähnt. Hier ein reales Beispiel, das zeigt, wie tief die Falle Schlagfertigkeit sein kann – so tief, dass man nie wieder aus ihr herauskommt:

Sandra und die Vögel

Es trug sich zu in einem firmeninternen Seminar einer Bank. Elf korrekt frisierte Männer in dunklen Anzügen mit Krawatte und Anstecknadel, unter ihnen auch der Bankdirektor persönlich. Dazu Sandra, die einzige Frau (außer mir) im Raum, im schwarzen Hosenanzug. Sie war etwa Mitte dreißig und hatte, wie sie mir in der Pause verriet, die Absicht, in dieser Bank die Karriereleiter hinaufzusteigen. Für mich bestand kein Zweifel daran, dass sie das Zeug dazu hatte. Es war eine sehr ernste, seriöse Veranstaltung.
Ich bringe das Beispiel vom Spatzenhirn. Zu meiner Überraschung meldet sich Sandra zu Wort: „Ich weiß genau, was ich antworten würde, wenn jemand zu mir sagen würde: ‚Sie haben ja ein Spatzenhirn!'", ruft sie aus, und blickt Beifall

heischend in die Runde. „Ich würde antworten: ‚Ja!' (Es folgt eine kurze Pause, um den Effekt zu erhöhen.) ‚Und ich bin auch gut zu Vögeln.'"
(Anmerkung: Dies ist ein seriöses Buch, darum habe ich das Wort „Vögeln" großgeschrieben.)
Sandra ist sichtlich stolz auf sich.
Die Reaktionen der anwesenden Männer sind höchst unterschiedlich. Einige brechen in schallendes Lachen aus. Die anderen schweigen betreten. Einer schlägt vor Schreck die Hand vor den Mund, so, als könnte er Sandras Bemerkung damit ungesagt machen.
Ich bin einige Augenblicke lang so fassungslos, dass ich zu keiner Antwort fähig bin. Sandra denkt offensichtlich, ich hätte es nicht verstanden, und darum setzt sie, mit schelmischem Grinsen, hinzu: „Wissen Sie, Frau Rauchberger, das war jetzt zweideutig!"

Ich fand das ziemlich eindeutig! Und ohne Zweifel schlagfertig. Was hat sie mit dieser Schlagfertigkeit erreicht? Dass sie von den Anwesenden als kompetente Kollegin wahrgenommen wird? Dass

Beispiel: Roter Faden Sandra

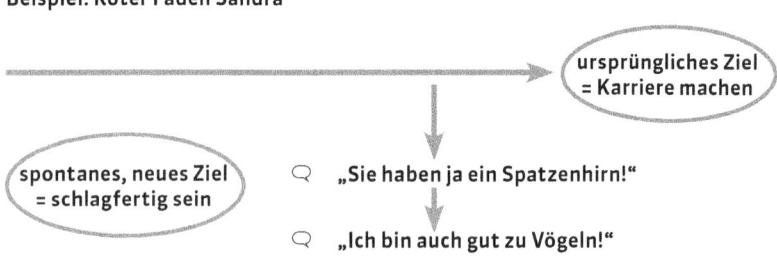

(Point of no Return = es gibt keinen Weg zurück)

sie ihr Ziel erreicht und der Bankdirektor ihr die Leitung einer Abteilung übertragen wird? Wohl kaum. Die Männer brauchen Sandra in Zukunft doch nur zu *sehen* und haben sofort gewisse Bilder im Kopf. Diese Bilder decken sich sicher nicht mit ihren Karriereambitionen.

Profitipp Nr. 19

Worte haben eine gefährliche Eigenschaft: Wenn sie einmal ausgesprochen sind, kann man sie nicht mehr zurücknehmen. Nie wieder, auch wenn Sie das noch so gerne wollen, auch wenn Sie beteuern, es zu tun. Auch wenn Sie sie noch so *bereuen*, auch wenn Sie es gar nicht so *gemeint* haben ... der andere hat sie gehört. Und daher bleiben sie gesagt.

Sehr oft bewahrt eine Entschuldigung (siehe Kapitel XIII.) vor noch größerem Schaden. Ich fürchte jedoch, für Sandra hätte auch eine Entschuldigung nichts mehr gerettet. Ihre Aussage brachte sie an einen *„Point of no Return"*. Der Ausdruck kommt aus der Fliegerei und bedeutet nichts anderes, als dass es ein für alle Mal zu spät ist, um umzukehren.

Es ist auch nichts Ungewöhnliches, dass Sandra ihren Fehler nicht einmal *bemerkt* hat. Die Freude über ihre schlagfertige Aussage setzte das zielorientierte Denken matt. Wahrscheinlich rätselt sie noch heute, warum sich das Verhalten ihrer Vorgesetzten und Kollegen ihr gegenüber seit diesem Seminar verändert hat.

Keine Angst, das Thema „Schlagfertigkeit" begegnet uns in Kürze wieder, ist es doch eine „wunderbare" Strategie, aus einem Gespräch einen Schlagabtausch und damit eine schlechte Verhandlung zu machen. Zuerst wollen wir uns aber wieder der guten Verhandlung zuwenden und uns näher mit den wichtigen Themen Ergebnis, Beziehung und roter Faden beschäftigen.

XI.
Das Ergebnis

Sie erinnern sich, dass wir die Sachebene und die Beziehungsebene durch die grüne Linie strikt voreinander getrennt haben. Wenn wir vom **Ergebnis** sprechen, sprechen wir von der Entscheidung auf der **Sachebene**.

A. Die Win-win-Situation

Natürlich ist es wichtig, dass wir selbst mit dem Ergebnis zufrieden sind. Noch besser ist es allerdings, wenn alle Beteiligten (zumindest halbwegs) damit zufrieden sind. Dann führte die Verhandlung zu einer „Win-win-Situation". Dieses Schlagwort wurde im „Harvard Konzept"[L] geprägt.

Profitipp Nr. 20

Win-win-Situationen sind meist besonders nachhaltig,
weil alle Verhandlungspartner hinter dem Ergebnis
stehen. Sie wirken sich in der Regel positiv
auf die Beziehung aus und bilden so die Brücke
in eine gemeinsame Zukunft.

Ein Zitat aus „Verhandlungstechniken"[L]: „Wachstum, Fortschritt und Erfolg beruhen auf der Win-win-Strategie, einer Einigung, die für beide Seiten Vorteile bringt, denn die Übervorteilung des Verhandlungspartners wird auf lange Sicht gesehen auch mit eigenen Nachteilen verbunden sein."

Sie wissen es selbst: Es ist nicht immer möglich, eine „Win-win-Situation" zu erreichen. In manchen Verhandlungen oder bei gewissen Verhandlungspunkten können nicht beide Gesprächspartner mit dem Ergebnis gleichermaßen (voll) zufrieden sein, sondern bestenfalls einer. Aus diesem Grund ist es spannend, sich Gedanken zu folgender Frage zu machen:

> *Wenn in einem Verhandlungspunkt nur einer zufrieden sein kann – was ist besser: „Er"/„Sie" oder ich? Welches Ergebnis würden Sie anstreben?*

_____

_____

Haben Sie geschrieben: „Das ist doch ganz klar, es ist natürlich besser, *ich* bin zufrieden!"

Dann frage ich Sie: Ist das wirklich *immer* besser? Was halten Sie von folgender Überlegung?

1. Die Taktik der Kriegsführung

Bei einer meiner zahlreichen Verhandlungen in China erfuhr ich, dass Kinder dort bereits von klein auf im Verhandeln unterrichtet werden. Dabei steht die Taktik im Vordergrund, die sich an den Jahrtausende alten Regeln der Kriegsführung orientiert. Wenn Sie sich in dieses Thema vertiefen möchten, finden Sie zwei Bücher auf der Literaturliste. „Die Kunst des Krieges"[L] von Sun Tzu wurde bereits circa 500 vor Christus (!) verfasst. Noch heute gelten in chinesischen Verhandlungen die mehr als 2.500 Jahre alten Weisheiten des Feldherrn, der sagte: „Wenn du den Feind und dich selbst kennst, brauchst du den Ausgang von hundert Schlachten nicht zu fürchten." Interessant sind in diesem Zusammenhang auch Bücher über die „36 Strategeme"[L]. Ein Grundsatz daraus lautet: *„Manchmal kann es sinnvoll sein, eine kleine Schlacht zu verlieren, wenn ich damit die Chancen erhöhe, eine größere Schlacht (oder gar den ganzen Krieg) zu gewinnen."* Das klingt zwar reichlich martialisch in unseren Ohren, aber es ist viel Wahres daran.

Profitipp Nr. 21

Wir können nicht **immer** und in **allen** Punkten als Sieger vom Platz gehen. Darum ist es im Hinblick auf die gemeinsame **Zukunft** oft besser, nicht auf Biegen und Brechen darauf zu bestehen. Besser ist es, bei den Punkten nachzugeben, die für den anderen besonders wichtig sind und die uns nicht allzu hart treffen.

Schade, dass Roland, einer meiner ersten Vorgesetzten, das ganz anders sah.

Roland und der Spatz in der Hand

Als ich eine junge Juristin war, neu in einem Unternehmen, da führten Roland, mein damaliger Chef, und ich eine Reklamationsverhandlung mit einem Lieferanten. Der Sachverhalt war klar, die Ware, die an uns geliefert worden war, war mangelhaft. Das musste auch der Lieferant eingestehen. Jetzt ging es „nur" noch um den Betrag, den er uns als Vergütung zahlen sollte.

Wir rechneten sämtliche Ansprüche aus und kamen auf (die genauen Zahlen habe ich nicht mehr im Kopf) 13.500,- Dollar. Der andere bot zuerst 9.000,-. Wir fanden im Zuge der Verhandlung heraus, dass ihm sein Chef die Erlaubnis gegeben hatte, auf maximal 13.000,- zu erhöhen. Würde er mehr zahlen, würde ihm das in seinem Unternehmen ernsthafte Schwierigkeiten bereiten.

In einer Verhandlungspause nahm ich allen Mut zusammen und meinen Chef beiseite: „Es tut uns nicht allzu weh, auf die 500,- zu verzichten, für ihn sind die 500,- eine entscheidende Hürde. Ich würde mich daher, nach einer weiteren, harten Verhandlung, mit 13.000,- zufrieden geben und ihn hocherhobenen Hauptes nach Hause reisen lassen. Er weiß, dass wir ihm geholfen haben, ist uns dankbar dafür und daher werden wir die 500,- Dollar bei künftigen guten Geschäften wieder hereinholen können. Oder noch besser, wir vereinbaren sofort ein neues Geschäft ..."

„Nein", sagte Roland, „das machen wir sicher nicht! Kennen Sie denn nicht das alte Sprichwort ‚Besser den Spatz in der Hand als die Taube auf dem Dach'?"

Ich kannte das Sprichwort, ich mag es heute noch nicht.

„Jetzt pressen wir die restlichen 500,- (also den Spatz in der Hand) aus ihm heraus. Was die Zukunft bringt (die Taube auf dem Dach), kann niemand vorhersagen. Aber aus meiner

Erfahrung weiß ich, dass wir auch weiterhin gute Geschäfte machen werden!"

Wir gingen in die Verhandlung zurück, Robert „presste" die 13.500,- Dollar tatsächlich heraus, der Geschäftspartner unterschrieb mit knirschenden Zähnen, zahlte, flog nach Hause ... und ward nie mehr gesehen.

In dieser Geschäftsbeziehung hätte großes Potenzial für eine erfolgreiche, gemeinsame Zukunft gesteckt – und wir haben es verspielt. Schön blöd!

Sie stimmen mit mir überein, dass meine Taktik sinnvoller gewesen wäre? Dass es manchmal klug ist, bei einem Punkt nachzugeben, obwohl es nicht (unbedingt) nötig wäre, um damit die Chancen bei einem anderen, wichtigeren Punkt oder auf zukünftige Erfolge zu erhöhen? Gut. Beachten Sie jedoch bitte den folgenden Profitipp:

 ## Profitipp Nr. 22

Sprechen Sie ein derartiges Vorgehen unbedingt *vorher* mit Ihrem Vorgesetzten ab. Ist er ein „Spatz in der Hand"-Typ, wird er sonst mit dem Verhandlungsergebnis, das Sie erzielt haben, nicht zufrieden sein. Das wiederum kann sich negativ auf Ihre weiteren Verhandlungen oder gar auf Ihre Karriere auswirken.

2. Schenken Sie bitte nichts her

Wenn Sie diese Taktik anwenden, die wir soeben besprochen haben, dann tun Sie dies bitte nie mit Sätzen wie „Mir sind die 500,- Dollar nicht so wichtig. Behalten Sie sie ruhig!" Etwas offensichtlich herzuschenken ist selten ein kluger Schachzug. Der andere ist mit dem Ergebnis viel zufriedener, wenn er das Gefühl hat, es durch sein eigenes Verhandlungsgeschick erreicht zu haben.

3. Manchmal ist es besser, nicht recht zu haben, auch wenn man im Recht ist

Gerda und der Ablaus

Gerdas neuer Vorgesetzter hat offensichtlich eine Recht-schreibschwäche. Jedenfalls finden sich in seinen E-Mails Worte wie „Ablaus" (wenn jemand klatscht) und „Kongu-renz" (für den Mitbewerber). Beim nächsten Abteilungs-meeting macht sie ihn darauf aufmerksam. Er bekommt einen roten Kopf und diese beiden Fehler passieren ihm nie mehr wieder.

Ziel erreicht! Ziel erreicht? Hat Gerda tatsächlich ihr Ziel erreicht? Nein, sie hat vielleicht eine kleine „Schlacht" gewonnen – und da-mit den „Krieg" begonnen. Jemanden vor den Ohren anderer zu kritisieren, ist keine nachahmenswerte Idee, schon gar nicht bei einem Vorgesetzten. Gerdas Vorgehen war weder gut für die Zu-sammenarbeit noch für ihre eigenen Karriereambitionen. Was sind dagegen schon ein paar korrigierte Rechtschreibfehler?

Profitipp Nr. 23

Fragen Sie sich, *bevor* Sie andere kritisieren:
Welches Ziel will ich damit erreichen? Wie wichtig
ist es mir im Vergleich zu meinen anderen Zielen?

Sie werden merken, dass so manche Kritik besser unterbleibt. Ist Ihnen das Ziel, das Sie durch die Kritik erreichen wollen, so wichtig, dass Sie nicht schweigen können, dann äußern Sie diese am besten in einem Vieraugengespräch.
Genauso wichtig wie ein gutes Ergebnis auf der Sachebene sollte Ihnen nämlich die Beziehung zu allen anderen an der Verhandlung

Beteiligten sein – besonders (aber nicht nur!) die zu Ihrem Verhandlungsgegenüber.

Profitipp Nr. 24
Es ist klug und wichtig, langfristig zu denken, nicht nur das Ziel dieser einen Verhandlung im Auge zu behalten, sondern auch übergeordnete Ziele und die Zukunft.

4. Und am Ende: Deckel drauf!
Haben Sie sich in der Verhandlung über einen Punkt geeinigt? Gratulation! Jetzt ist es wichtig, den Deckel draufzumachen. Das heißt: Sie fassen diese Einigung laut zusammen (zum Beispiel: *„Wir haben uns darauf geeinigt, dass ich Ihnen das fehlende Bauteil Stylo 15/123 bis Montag, 23.10., frei Haus liefere und Sie dafür …"*), schreiben sie vor den Augen des anderen auf und holen sich die ausdrückliche Zustimmung dazu ein. Er sagt „Ja!" oder er nickt – damit ist der Deckel drauf. Das ist viel besser, als zu sagen: „Sind wir uns in diesem Punkt einig?" oder „Ist jetzt alles klar?" Gar nicht empfiehlt es sich, sofort zum nächsten Punkt überzugehen. Stellen Sie immer sicher, dass alle Beteiligten vom selben (Zwischen-)Ergebnis ausgehen.

Alles klar!
Es war eine hochkarätig besetzte Runde: die Geschäftsführung, mehrere Abteilungsleiter (darunter der IT-Leiter), der Inhaber einer EDV-Firma und ich. Es ging um die Verlegung von Computerkabeln in einem großen Bürogebäude. Zwei Stunden heiße Diskussionen, dann Stille. Der IT-Leiter sprach die bedeutsamen Worte: „Alles klar?" Und alle nickten ebenso bedeutungsschwer zurück: „Alles klar!"

„Damit mir auch alles klar ist", sagte ich, „möchte ich gerne
aufschreiben, was wir jetzt vereinbart haben." Ich zückte
Block und Kugelschreiber.
Der IT-Leiter begann zu erklären, da unterbrach ihn der Erste:
„Nein, so habe ich das nicht verstanden!" und der Nächste:
„Darüber haben wir doch noch gar nicht gesprochen."

Daraus lernte ich, dass Sätze wie „Alles klar!" gar nichts bedeuten.
Es kann durchaus sein, dass alle *denken*, es sei alles klar, aber jeder
von einem anderen Inhalt ausgeht. Manche sagen auch „Alles klar!",
weil sie nicht zugeben wollen, dass sie nicht alles verstanden haben.
Und die andern sagen „Alles klar!", weil sie wollen, dass das Meeting endlich zu Ende ist. Also bedenken Sie bitte:

Profitipp Nr. 25

Eine Verhandlung zu führen heißt Ergebnisse abzusichern.
Machen Sie also den Deckel drauf – laut zusammenfassen,
aufschreiben, abnicken lassen. Mit dem Deckel ist das
Thema, von unserer Seite aus, abgeschlossen. Hören Sie
auf, zu diesem Punkt weiter zu argumentieren – Sie laufen
sonst Gefahr, den Deckel wieder zu lüften.

XII.

Die Beziehungsebene

Was meinen Sie? Wie muss die Beziehung zu Ihrem Verhandlungspartner nach der Verhandlung sein?

_____

_____

Was ist hinsichtlich der Beziehung zu Ihren Teammitgliedern bei Verhandlungen zu beachten?

_____

_____

A. Die Beziehung zum Gegenüber

1. Legen Sie die Latte hoch

Ein Seminarteilnehmer beantwortete meine Frage mit: _„Man muss sich nachher auch noch irgendwie in die Augen schauen können!"_ _Irgendwie_ in die Augen schauen? Das ist mir zu wenig. Damit würde ich die Latte sehr tief legen und Gefahr laufen, dass ich die Beziehung durch die Verhandlung verschlechtere. Ich habe es mir daher schon lange zum Ziel gemacht, die Beziehung zu meinem Gegenüber durch jede Verhandlung zu _verbessern_. Damit schließe ich mich den Gedanken des „Harvard Konzepts"[L] an. Denn eines lehrt mich die Erfahrung:

Profitipp Nr. 26

Ihre Position muss sehr stark sein, wenn Sie glauben, auf den Aufbau einer tragfähigen Beziehung verzichten zu können. Und auch dann würde ich nicht darauf vertrauen, dass diese Position immer so stark bleibt.

Denken Sie nur an Hans-Peter, den Einkäufer des großen Lebensmittelkonzerns. Seine scheinbar sichere, machtvolle Position war schlagartig Geschichte, als er sich selbstständig machte. Da ich großes Augenmerk darauf lege, die Beziehung zu meinen Gesprächspartnern mit jeder Verhandlung zu verbessern, wahre ich in der Regel die Chance, sie zumindest gleich gut zu halten.

2. Eine gute Beziehung hilft auch die Ergebnisse auf der Sachebene zu verbessern

Frank und die Baubranche

Unlängst in einem firmeninternen Seminar einer großen Baufirma: Frank, ein junger, sehr ambitionierter Bauleiter, widersprach mir vehement: „Das mag ja für Sie stimmen, Frau Rauchberger. In unserer Branche laufen die Dinge jedoch anders. Bei uns geht es nicht um Beziehungen, bei uns geht es ausschließlich um Geld! Wir wollen möglichst viel verdienen, der andere will möglichst wenig zahlen. Oder umgekehrt!"

„Interessant, das erlebe ich sonst bei keiner Branche!", antwortete ich, weil ich mir manchmal Ironie beim besten Willen nicht verkneifen kann. Wo ist es nicht so, dass der eine viel verdienen und der andere wenig zahlen will?

Bevor ich meinen Standpunkt ausführlich darlegen konnte, ergriff einer seiner erfahrenen Kollegen das Wort: „Das Gegenteil ist der Fall, Frank! Gerade wenn es um Geld geht, ist die Beziehung wichtig! Stell dir vor, wir haben eine Nachtragsverhandlung zu führen oder man wirft uns Baumängel vor. Bei beidem geht es meist um viel Geld. Mit wem werden wir zu besseren Ergebnissen kommen? Mit Sicherheit mit einem Verhandlungspartner, mit dem wir bereits eine gemeinsame Geschichte haben, von dem wir wissen, dass wir uns aufeinander und auf Fairness verlassen können, weil wir auf den Aufbau einer guten Beziehung Wert gelegt haben. Und nicht mit jemandem, den wir zum ersten Mal sehen, oder gar mit jemandem, mit dem wir gestritten haben."

Das leuchtet ein, nicht wahr? Für Vera F. Birkenbihl ist die Beziehungsebene sogar die wichtigere der beiden Ebenen[L].

3. Eine gute Beziehung kann den Ruf retten

Dazu kommt ein anderer, noch viel weitreichenderer Gedanke von Anne M. Schüller. Die führende Expertin für Loyalitätsmarketing spricht in ihrem gleichnamigen Buch von „Touchpoints"[L], den Berührungspunkten mit dem Kunden. Sie sagt: *„Ein Unternehmen kann in der heutigen Zeit nur überleben, wenn der Kunde gut über das Unternehmen spricht und es weiterempfiehlt."*

Ich frage daher: Wie soll jemand über Ihre Firma gut reden, wenn Sie nicht rechtzeitig darauf Wert gelegt haben, dass die Beziehung stimmt? Vergessen Sie nicht, dass sich die „Welt der Mundpropaganda" in den vergangenen Jahren massiv verändert hat. Wenn früher ein Geschäftspartner nicht zufrieden war, dann hat er vielleicht die Konsequenz gezogen und mit Ihnen keine Geschäfte mehr getätigt. Das war schlimm. Vielleicht hat er sich die Mühe gemacht, befreundeten Unternehmern davon zu erzählen. Das war schlimmer. Aber heute erfährt so etwas mit nur einem Mausklick die ganze Welt. Das ist am schlimmsten.

4. Bitte setzten Sie eine gute Beziehung nicht mit einem prall gefüllten Umschlag gleich

Nur damit keine Missverständnisse aufkommen: Wenn ich vom Verbessern der Beziehung spreche, dann meine ich damit nicht Bestechung und krumme Absprachen.

Beispiel: Wie besteche ich richtig?
Ein Student im Universitätslehrgang für internationalen Handel saß mit einer Zeitung in meiner Lehrveranstaltung. „Das ist doch Schwachsinn! Gute Beziehungen braucht kein

Mensch. Sagen Sie mir kurz und knapp: Wen muss ich bestechen? Wie viel kostet das?", sagte er, bevor er sich wieder in seinen Lesestoff vertiefte. Wie man richtig besticht, konnte ich ihm nicht sagen. Natürlich weiß ich, dass es Bestechung gibt, und mir ist bewusst, dass sie in manchen Ländern notwendig zu sein scheint. Allerdings war ich nie in eine involviert und wäre auch nicht die Richtige dafür. Was seine Bemerkung den Studenten kostete, kann ich Ihnen allerdings genau sagen: seine gute Note.

Eine gute Beziehung baue ich vor allem durch Respekt auf, wenn möglich sogar durch Wertschätzung. Fairness ist ein wichtiger Punkt, ebenso Verlässlichkeit. Dazu kommen Freundlichkeit, Höflichkeit, Pünktlichkeit, nette Gesten. Ihr Verhalten und Ihre innere Einstellung zum Gegenüber sollten stets so sein, wie Sie sich das auch vom anderen Ihnen gegenüber wünschen. Unterliegen Sie bitte nicht dem Irrtum, dass ein freundliches Dauergrinsen und ein halbwegs höflicher Smalltalk bereits ausreichen, um die Beziehung zu verbessern.

Profitipp Nr. 27
Ihre innere, respektvolle Einstellung zum anderen
ist die Basis für eine gute Beziehung.

B. Die Beziehung zu den eigenen Teammitgliedern

Ein Missverständnis ist weitverbreitet: Viele denken, mit „Beziehung" sei ausschließlich die Beziehung zum *externen* Verhandlungspartner gemeint. Manche Verhandler fallen *ihren eigenen Kollegen* ohne Zögern in den Rücken, widersprechen ihnen oder stellen sie vor der gesamten Runde bloß.

Abteilungsleiter Paul und der umständliche Theo
Ein Firmeninhaber buchte mich als Verhandlungscoach, da er sich folgende Situation nicht erklären konnte: Paul und sein Team fahren zu externen Verhandlungen, und wenn sie zurückkommen, ist die Stimmung eisig. Auf Nachfragen nennt keiner den Grund dafür. Ist der Firmeninhaber mit von der Partie und übernimmt die Verhandlungsführung, dann bleibt die Stimmung gut.
Ich begleite Paul und sein Team zu einer Verhandlung. Theo hat das Wort. Er ist ein unbestrittener Fachmann auf seinem Gebiet, doch rhetorisch nicht der Beste. Er spricht langsam, umständlich, begleitet von vielen „Ähs“.
Da wendet sich Paul, sein Vorgesetzter, an die Verhandlungspartner: „Haben Sie den Mann verstanden?“, fragt er sie allen Ernstes. „Der redet immer so wirr!“

Ist es da ein Wunder, dass das Verhältnis zwischen Paul und seinem Team von Mal zu Mal schlechter wird? Paul treibt einen Keil zwischen die Kollegen, die Theo ebenfalls umständlich finden, und die anderen. Er stellt Theo vor allen Leuten bloß und die anderen Teammitglieder müssen fürchten, dass er mit ihnen eines Tages ähnlich verfahren wird. Sollte es Pauls Absicht sein, sich durch seine unqualifizierte Äußerung mit dem Gegenüber – auf Kosten von Theo – zu „verbünden“, so ist dieses Vorhaben (in den allermeisten Fällen) ebenso zum Scheitern verurteilt. Nestbeschmutzer mag keiner gerne.
Daher ist Pauls Verhalten nicht nur unfair gegenüber seinem Kollegen Theo und peinlich oder erschreckend für die anderen Teammitglieder, sondern auch höchst illoyal seinem Arbeitgeber gegenüber.

C. Die selbsterfüllende Prophezeiung und der negative Filter

Möglicherweise geben Sie mir zwar prinzipiell Recht, haben aber dennoch folgenden Einwand: „Den meisten Menschen bringe ich Wertschätzung entgegen. Nur bei Fritz schaffe ich es nicht. Ich brauche nur seine Stimme zu hören oder sein Rasierwasser zu riechen ... schon wird mir übel / werde ich wütend / werde ich hilflos und weiß: ‚Dieses Gespräch wird schwierig!'" Wie wird das Gespräch dann wohl verlaufen? Richtig, schwierig!

Lang lebe die *selbsterfüllende Prophezeiung*! Diesen Begriff prägte der US-amerikanische Soziologe Robert K. Merton in den 40er-Jahren des vergangenen Jahrhunderts. Sie haben das sicher alle schon erlebt. Wenn Sie *wissen*, dass Sie einen Parkplatz finden werden, dann finden Sie meist auch einen. Wenn Sie *wissen*, dass Sie bei der Prüfung durchfallen werden, dann haben Sie die große „Chance", dass das tatsächlich der Fall ist. Wenn Sie *wissen*, dass eine Verhandlung schwierig wird, dann wird sie das auch ...

Dazu kommt der *negative Filter*, den uns die Erfahrungen aus der Vergangenheit über den Kopf gestülpt haben.

Beispiel Katze, Teil 1 – gerettet

Im Rahmen einer meiner Ausbildungen habe ich die Wirkung von Filtern hautnah erlebt.

Ein Unbekannter stieß zu unserer Gruppe, um uns etwas zu erzählen. Wir bekamen den Auftrag, uns vorzustellen, dass dieser Mann unsere Katze *gerettet* hatte, als wir noch kleine Kinder waren. Die Stimmung war überaus nett! Wir haben den fremden Mann mit einem warmen Gefühl im Herzen begrüßt, wir haben ihm zugehört, die Unterhaltung war von Anfang an wertschätzend und freundlich.

Durch die gerettete Katze hatten wir dem fremden Mann gegenüber einen **positiven Filter** aufgesetzt.

Beispiel Katze, Teil 2 – gequält
Dann kam der nächste Unbekannte, um uns etwas zu erzählen. Von ihm wussten wir, dass er, als wir kleine Kinder waren, unsere Katze absichtlich *gequält* haben soll. Der Mann brachte uns die gleiche Freundlichkeit entgegen wie der erste, doch wie anders war die Stimmung! Wir waren „ganz automatisch" abweisend und nicht bereit, auf seine Erzählung einzugehen.

Hier wirkte der **negative Filter**.
Dieses Katzenbeispiel fiel mir wieder ein, als mir Eleonore im Coaching gegenübersaß. Auch über ihrem Kopf befand sich ein dunkler, dichter, negativer Filter.

Eleonore und ihr Chef, der Schnösel (Teil 1)
Eleonore war eine gutaussehende Frau Anfang fünfzig und seit mehr als zwanzig Jahren in einer kleinen Exporthandelsfirma beschäftigt. Sie hatte viel Wissen und Erfahrung und war es gewöhnt, mit dem Firmenchef eng zusammenzuarbeiten. Vor einem halben Jahr ging dieser in Pension und ein Neffe folgte nach.
„Jetzt habe ich da einen eitlen Schnösel Anfang dreißig vor mir sitzen, der nichts weiß und nichts kann ...", empörte sie sich.
„Was Sie ihm auch schon gesagt haben ...", mutmaßte ich.
Sie nickte eifrig: „Selbstverständlich. Mehrfach!"
Ich denke, Sie können sich vorstellen, wie die Zusammenarbeit zwischen den beiden ablief. Sie ließ ihn spüren oder

sagte offen, wie wenig sie von ihm hielt. Und er verheimlichte ihr Informationen, nahm sie nicht mehr zu Kundengesprächen mit und machte ihr das Leben schwer. Er konnte nicht auf sie verzichten, dafür waren ihr Wissen und ihre Erfahrung zu wertvoll. Obwohl es für eine Frau dieses Alters bekanntlich nicht einfach ist, eine neue anspruchsvolle Stelle zu finden, war Eleonore nahe daran, zu kündigen.

„Ist Ihr neuer Chef ein wertvoller Mensch?", fragte ich sie. Sie überlegte lange.

„Eigentlich nicht!", sagte sie schließlich.

Diese Antwort hat mich geschockt – ich habe nicht gedacht, dass man tatsächlich jemandem (auch wenn man ihn nicht mag) absprechen kann, ein wertvoller Mensch zu sein. Es war Zeit für eine höchst effektvolle Filterübung.

D. „Mein Lieblingsfeind"

Sie können diese Übung immer dann machen, wenn Sie die Beziehung zu einem bestimmten Menschen verbessern möchten. Sollten mehrere Personen dafür infrage kommen, dann machen Sie die Übung bitte für jeden einzeln. Nehmen Sie sich Zeit und wählen Sie einen Platz, an dem Sie in Ruhe nachdenken können. Dann schreiben Sie zuerst den Namen Ihres persönlichen „Lieblingsfeindes", also des Menschen, zu dem Sie die Beziehung verbessern wollen, groß und gut lesbar auf ein Blatt Papier. Daraufhin notieren Sie bitte am linken Rand die Zahlen 1 - 10 untereinander. Und nun überlegen Sie sich bitte zehn *positive* Dinge, die Ihnen zu diesem Menschen einfallen! Erkennen Sie nun, warum Sie für diese Übung Zeit brauchen und warum es wichtig ist, zuerst die Zahlen 1 - 10 untereinander zu schreiben? Ein, zwei Dinge fallen einem ja bei gutem Willen ein, aber zehn?

⚠ Diese Übung ist erst dann zu Ende, wenn Sie alle zehn Zeilen ausgefüllt haben. Das können auch kleine, harmlose oder gar absurde Dinge sein, die Sie aufschreiben, Hauptsache, Sie finden sie tatsächlich **positiv**. Zum Beispiel:

„Mein Lieblingsfeind"
Name: Karl Mustermann
1. spricht perfekt englisch
2. kommt immer pünktlich zu Terminen
3. ist nett zu seiner Assistentin
4. trägt stets geputzte Schuhe
5. hat ein elegantes Büro
6. hat eine hübsche Freundin
7. grüßt immer höflich
8. hat saubere Fingernägel
9. trägt eine modische blaue Krawatte
10. singt so schön im Kirchenchor

Bewahren Sie das Blatt Papier an einem Ort auf, an dem Sie es wiederfinden(!), und lesen Sie sich alles ganz *bewusst* durch, *bevor* Sie den Menschen das nächste Mal treffen. Wenn Sie wissen: *„In Kürze treffe ich den Mann mit den geputzten Schuhen, der so schön im Kirchenchor singt ..."*, dann werden Sie bemerken, dass sich Ihre Gesichtszüge lockern. Ihre innere Einstellung wird eine andere – und damit wird auch die Verhandlung anders (= besser) verlaufen. Sie haben zehn „Löcher" in Ihren dunklen, negativen Filter „gebohrt" und etwas Licht hereingelassen. Sie werden überrascht sein, wie positiv sich das auf Ihr Gespräch auswirkt.
Ein Coachingklient schüttelte den Kopf: „Diese Übung mache ich sicher nicht!", sagte er. „So viel Aufwand ist mir der Idiot nicht wert!"

85

Darauf meine Antwort: „Diese Übung machen Sie nicht für den anderen. Die machen Sie für sich selbst, um sich das (Verhandlungs-) Leben zu erleichtern!"

Auch Matthias Schranner, der bei der Polizei jahrelang Verhandlungen „im Grenzbereich"[L] geführt hat, rät: „Machen Sie sich die Mühe und bewerten Sie einen schwierigen Verhandlungspartner noch einmal neu, indem Sie sich überlegen, was an diesem Menschen sympathisch ist."

Also: Probieren Sie es aus! Jetzt gleich!
„Mein Lieblingsfeind"

Name: _____

1. _____
_____

2. _____
_____

3. _____
_____

4. _____
_____

5. _____
_____

6. _____
   _____

7. _____
   _____

8. _____
   _____

9. _____
   _____

10. _____
    _____

Eleonore und ihr Chef, der Schnösel (Teil 2)

Wie ging es mit ihr und dem um so viel jüngeren Vorgesetzten weiter? Eleonore hat die „Mein Lieblingsfeind"-Übung durchgeführt. Sie hat sich damit eingehend Gedanken darüber gemacht, warum ihr Chef *doch* ein wertvoller Mensch ist – und sie hat die Auflage akzeptiert, ihn in den nächsten vier Wochen weder ändern zu wollen noch ihre Kritik an ihm zu wiederholen. Wenn sie mit ihm sprach, dann waren ausschließlich positive oder neutrale Äußerungen erlaubt.

Kurz vor dem geplanten nächsten Coachingtermin rief mich Eleonore an und sagte ab: „Ein Wunder ist geschehen, Frau Rauchberger! Er ist auf einmal viel höflicher und zugänglicher geworden. Seit letzter Woche fragt er mich manchmal sogar um Rat und morgen fliegen wir gemeinsam zu einem Kundentermin. Mehr wollte ich nicht. Ich habe keine Ahnung, wie das passiert ist ..."

Sie aber schon, oder? Warum machen wir es nicht öfter so wie Eleonore in Teil 2?

E. „Die inneren und die äußeren Größenverhältnisse"

1. Die inneren Größenverhältnisse

Wenn Sie sich mit Ihrem Verhandlungspartner vergleichen und denken: „Was soll ich denn machen, er ist mir ohnehin überlegen?", oder: „Gegen den habe ich doch gar keine Chance!", dann machen Sie sich innerlich klein. Angelika Fuss fragt in ihrem Buch „IRRE® einfach verhandeln"ᴸ pointiert: „Schrumpfen Sie sich innerlich selbst?" Dass uns das Kleinmachen nicht weiterbringt, ist wohl klar.

Profitipp Nr. 28
Wer sich klein macht, gibt gerne klein bei und verfehlt
so seine Ziele – sofern er es überhaupt wagt,
sich Ziele zu setzen.

Vielleicht kommt es aber auch vor, dass Sie sich in manchen Verhandlungen überhöhen? „Was will denn das Würstchen gegen mich ausrichten?", denken Sie dann, oder: „Dem zeige ich, wer der Herr im Haus ist!"
Was viele nicht wissen: Auch das innerliche Überhöhen hat so seine Tücken. Denn wenn wir uns überhöhen, fühlt sich der andere, um beim Ausdruck von Angelika Fuss zu bleiben, „geschrumpft", und das behagt ihm mit Sicherheit nicht. Es besteht daher die Gefahr, dass er sich offensiv dagegen wehrt, dass er wichtige Informationen zurückhält, nicht ehrlich ist oder versucht, dem „Überhöher" auf anderem Wege – oft hintenherum – zu schaden, um dadurch selbst wieder zu „wachsen".

Profitipp Nr. 29

Wer sich selbst überhöht, läuft Gefahr, von anderen „geschrumpft" zu werden, damit die Größenverhältnisse wieder stimmen.

2. Die äußerlichen Größenverhältnisse

Was ist zu tun, wenn die äußerlichen Größenverhältnisse nicht passen? Hier sind nicht die unterschiedlichen Körperlängen gemeint! Wir reden davon, dass uns manche aufgrund ihrer Position („Herr Generaldirektor"), des Amtes („Frau Bürgermeisterin"), des Alters (sie ist selbstsichere 50 Jahre alt, ich unsichere 23), der Erfahrung (er ist ein „alter Hase", ich ein Newcomer) überlegen erscheinen.

Am besten ist es, wir erkennen diese Überlegenheit an und begegnen unserem Gegenüber mit dem respektvollen Verhalten, das seiner Stellung angemessen ist. Dann können wir ihn auch als das sehen, was er ist: ein Verhandlungspartner, dem ebenso wie uns an einer guten Beziehung und an einem für beide akzeptablen Verhandlungsresultat gelegen ist. Damit ist der Ausgleich hergestellt, die Waage ist wieder ins Lot gebracht und wir können einander innerlich auf gleicher Augenhöhe begegnen.

Was noch dabei hilft, auf die gleiche Augenhöhe zu kommen, sind die „Mein Lieblingsfeind"-Übung und eine perfekte Vorbereitung auf das Gespräch. Wer seine Ziele und Alternativen kennt, wer weiß, was die Interessen des anderen sind und wie man diese mit den eigenen Interessen am besten unter einen Hut bringt, wer daher die richtigen Fragen und Argumente parat hat – der braucht sich weder klein zu machen noch zu überhöhen.

Profitipp Nr. 30

Egal wie es um die äußeren Größenverhältnisse bestellt ist: Sorgen Sie für ausgewogene innere Größenverhältnisse. Nur wenn wir auf gleicher Augenhöhe verhandeln, kann

Vertrauen aufgebaut, die Beziehung verbessert und die Basis für tragfähige Ergebnisse gelegt werden.

Jetzt bleibt nur noch die spannende Frage:

F. Wie ändere ich meine Gesprächspartner?

Darauf gibt es nur eine Antwort: Gar nicht. Zur Wertschätzung gehört auch, den anderen so zu respektieren, wie er ist.

Profitipp Nr. 31
Verzichten wir darauf, andere ändern zu wollen.
Wir schaffen es ohnehin nicht! Den einzigen Menschen, den wir tatsächlich ändern können, sind wir selbst.

Im Seminar stimmen mir immer alle zu: „Ja, es ist richtig, dass man auf dieser Welt nur *einen* Menschen ändern kann! Ja, es ist richtig, dass man das selbst ist!" In der Wirklichkeit halten jedoch die „Feldversuche" an, alle Menschen aus der Umgebung ändern zu wollen, Partner, Mitarbeiter, Vorgesetzte, Verhandlungs- und Gesprächspartner ... Wie in Kapitel VI. anschaulich geschildert, erlebe ich es oft hautnah mit: Viele Verhandlungen scheitern daran, dass einer (oder beide) glauben, sie seien die Erziehungsberechtigten des anderen. Das sind sie nicht! Nehmen Sie sich selbst die Last von den Schultern. Wie furchtbar und überfordernd wäre es, wären wir wirklich für das Benehmen, die Äußerungen und Taten all unserer Gesprächspartner verantwortlich! Und gehen wir den anderen damit nicht länger auf die Nerven. Auch wenn wir jeden Menschen so sein lassen, wie er ist, brauchen wir selbstverständlich nicht jedes störende Verhalten unwidersprochen hinzunehmen. Mir geht es auf die Nerven, wenn während der Verhandlung das Handy ständig klingelt oder mein Gegenüber zwar so tut, als höre er mir zu, er aber E-Mails in den Blackberry tippt. Dafür habe ich den „4-Phasen-Plan" entwickelt.

XIII.
Frau Rauchbergers „4-Phasen-Plan"

Bevor ich Ihnen dieses wirkungsvolle Mittel gegen störendes Verhalten meiner Gegenüber vorstelle, erzähle ich Ihnen die Geschichte von Bärbel, der Bankangestellten, die mir ihr Herz ausschüttete:

Bärbel und der Mann mit Hut

„Jeden Dienstag um dieselbe Uhrzeit kommt derselbe Rentner mit demselben Hut in meine Sparkassenfiliale und schreit. Einmal sind ihm seine Sparbuchzinsen zu niedrig, dann wieder sind alle Banker ohnehin Gauner. Die gesamte Arbeit in der Schalterhalle kommt zum Erliegen. Alle beobachten mich und den brüllenden Rentner. Ich ernte strafende Blicke, als ob ich schuld wäre, dass sich der alte Mann so aufregt. Was soll ich nur tun?"

In der Regel bin ich dafür, Leute die brüllen, ausbrüllen zu lassen. Es ist meist sinnlos, zurückzubrüllen, denn damit schaukeln sich die Dinge nur hoch. Außerdem gebe ich dem anderen dadurch, dass ich brülle, eine Rechtfertigung für sein weiteres Brüllen – und ich habe nicht die geringste Lust, jemandem eine Rechtfertigung für sein schlechtes Benehmen zu liefern.

Es hat auch wenig Sinn, ruhig weiterzureden, während der andere brüllt. Er hört mich nicht. Jedes noch so gescheite Wort würde sinnlos verpuffen. Also spare ich mir die Mühe, sitze da, schaue den anderen an und warte, bis er ausgebrüllt hat. Wenn ich keine Zeichen von Furcht erkennen lasse, hört das Brüllen nach nicht allzu langer Zeit auf.

Wenn jemand brüllt, verriet mir ein Arzt, leidet sein Hirn zunehmend an Sauerstoffarmut und er kann nicht mehr denken. Also braucht man nur dazusitzen und zuzuschauen, wie die Luft aus seinem Kopf entweicht.

Diese Metapher gefällt mir besser als der gut gemeinte Ratschlag, man solle sich Menschen, die man fürchtet, in Unterhosen oder gar nackt vorstellen. Das würde ich lieber nicht tun, denn diese Vorstellung ist oft wirklich erschreckend! Und wir wollen dem anderen durch unseren Gesichtsausdruck ja nicht zu verstehen geben, dass er uns gerade das Fürchten lehrt.

Bei Bärbel liegen die Dinge allerdings so, dass ein Ausbrüllen lassen nicht möglich ist. Dazu tritt das „Ereignis" zu regelmäßig ein und es ist zu störend. Da ich eine Frau bin, die gerne etwas unternimmt, bevor sie lang redet, würde ich den Rentner so schnell wie möglich von dem Platz wegbringen, an dem sein Schreien am meisten stört.

„Herr Meier, ich verstehe, dass Sie etwas Wichtiges mit mir besprechen möchten …"

Hier haben wir drei *Zauberwörter* in die Verhandlung eingebracht.

Profitipp Nr. 32

Gehen Sie in Ihren Verhandlungen großzügig mit *Zauber-*
wörtern um. Zauberwörter sind alle Ausdrücke, die dabei
helfen, ein gutes Ergebnis zu erreichen und die Beziehung
zu verbessern. Zu diesen „Zauberwörtern" gehören neben
vielen anderen auch „Ich verstehe", „gemeinsam", „miteinander", „wir beide" und „für Sie".

Das erste Zauberwort ist der Name des Gegenübers: „Herr Meier".
Menschen mit dem Namen anzusprechen, sorgt für Aufmerksamkeit. Viele fühlen sich dadurch wichtig und anerkannt. Machen Sie
das jedoch nicht ständig nach jedem zweiten Satz, das geht nur auf
die Nerven. Oder, wie es Cora Besser-Siegmund in „Killerphrasen
im Verkauf – und wie man sie knackt"[L] ausdrückt: „So redet kein
normaler Mensch. Sie bewirken damit keine Zuwendung, sondern
Irritation." Das zweite Zauberwort „Ich verstehe" ist einer der hilf-
reichsten Ausdrücke in der Kommunikation. „Ich verstehe" heißt
weder „Ich stimme zu" noch „Sie haben Recht" und dennoch hat es
auf den anderen eine beruhigende Wirkung. Ein Psychologe hat
mir bestätigt, dass Menschen stets danach trachten, verstanden
zu werden. Und dann das dritte Zauberwort: Wer will nicht gerne
„etwas Wichtiges" besprechen? Das signalisiert, dass man ernst
genommen wird. Daraufhin würde ich Herrn Meier in einen Bespre-
chungsraum führen, wo sein Brüllen nur mich, aber keinen anderen
stört. Es kann auch hilfreich sein, einen hierarchisch Höheren hin-
zuzuziehen. Vielleicht bringt die Macht der Autorität des „Herrn
Direktors" Herrn Meier zum Verstummen.
„Ich bin die Filialleiterin, habe daher keinen Chef und unsere Be-
sprechungszimmer sind meist besetzt", lautete Bärbels Antwort.
Bevor sie resigniert: hier schnell

A. Der „4-Phasen-Plan"

Phase 1: Aufmerksam machen

Viele Leute wissen gar nicht, dass sie sich danebenbenehmen. Andere wissen es zwar, denken sich aber: „Solange der andere nichts sagt, wird er schon nichts dagegen haben!"

Also ist es wichtig, *dass* Sie etwas sagen – ohne Tadel, ohne Beschimpfung, am besten neutral oder freundlich, aber bestimmt.

„Herr Meier, Sie sprechen sehr laut."

Auch eine Frage ist möglich:

„Herr Meier, brüllen Sie mich an?"

Wenn Phase 1 noch nicht das gewünschte Ergebnis bringt, folgt

Phase 2: Wunsch äußern

Bitte sagen Sie dem anderen, was Sie möchten. Sagen Sie ihm bitte nicht, was Sie *nicht* möchten.

> **Das Händchen und die heiße Herdplatte**
> „Greif nicht mit dem Händchen auf die Herdplatte!", sagt die Mutter zu ihrem vierjährigen Sohn. Was geschieht? Richtig! Schon liegt die Hand auf dem heißen Herd.

Warum ist das so? Ich habe eine einfache Erklärung: Die Leute hören sehr wohl, dass sie etwas *nicht* tun sollen. Sie wissen allerdings nicht, was sie stattdessen machen sollen. Daher entsteht eine Lücke. Mit Lücken fühlt sich keiner wohl. Also füllen sie diese mit dem, was sie kennen und können. Prompt geschieht das, was Sie verhindern wollten.

Darum ist es wichtig, dass wir unsere Wünsche *positiv formulieren* und jedes „Nicht" und „Kein" vermeiden. Die Geschichte vom „blauen

Elefanten"ᴸ, an den wir nicht nicht denken sollen, kann hier natürlich auch eine Rolle spielen. (Sie kennen diese Geschichte nicht? Gut, dann denken Sie jetzt sofort an keinen blauen Elefanten. Und? Schon ist er da. Unser Gehirn muss sich erst herholen, woran es nicht denken soll – und dadurch denkt es bereits daran.) Also statt „Leg das Händchen nicht auf den Herd!" besser „Zeig mir doch mal dein neues Bilderbuch!" Zurück zu Herrn Meier, dem Rentner mit Hut: Statt „Schreien Sie bitte nicht so rum!" besser: „Unterhalten wir uns in Ruhe über Ihre Sparbuchkonditionen."

Manchmal müssen wir die Phasen 1 und 2 wiederholen, doch in der überwiegenden Zahl der Fälle stellt sich sofort ein befriedigendes Ergebnis ein. Ist das nicht der Fall, folgt

Phase 3: Konsequenzen ankündigen

Kündigen Sie nur Konsequenzen an, die Sie auch umsetzen können, dürfen und wollen.

Profitipp Nr. 33

Wer Konsequenzen ankündigt und dann nicht umsetzt, büßt seine Glaubwürdigkeit ein. Die eigene Glaubwürdigkeit ist eines der höchsten Güter, die wir in Verhandlungen haben. Diese sollten wir daher nicht leichtfertig aufs Spiel setzen.

Phase 4: Konsequenzen umsetzen

Die Phasen 1 und 2 sind in der Regel gefahrlos und können auch bei großen Personen (Kapitel XII. D) angewendet werden. Die Phasen 3 und 4 wollen wohlüberlegt sein. Nicht immer sind wir in der Position, Konsequenzen umzusetzen. In diesem Fall sollten wir auch keine ankündigen.

B. Warum mir der „4-Phasen-Plan" besonders gut gefällt

Mir gefällt der „4-Phasen-Plan", weil ich viele Leute kenne, die sich selbst damit schaden, dass sie bei störendem Verhalten ihres Gesprächspartners sofort mit Phase 3 beginnen. So meine Seminarteilnehmerin Christa, die ich neulich auf der Straße traf:

Christa und der Schuss, der nach hinten losging

„Ich ärgere mich gerade über mich!", waren ihre ersten Worte nach der Begrüßung. „Ich komme soeben aus einer Verhandlung. Wir hatten einen wichtigen Lieferanten an der Angel. Der Verkäufer und ich hatten uns kaum gesetzt, da klingelte sein Handy. Er ging ran, erklärte zwar, dass er in einem Meeting sei, und erzählte dann doch lang und breit von seinem Wochenende. Kurz darauf, ein zweites Telefonat. Ich habe meine Zeit auch nicht gestohlen und wurde zunehmend ungeduldig. Als das Handy wieder klingelte, sagte ich: ,Wenn Sie jetzt abheben, dann stehe ich auf und gehe!' Prompt hat er abgehoben. Mir blieb nichts anderes übrig, als tatsächlich zu gehen. Jetzt kann ich mir überlegen, was ich meinem Chef erzähle, warum der Deal geplatzt ist."

Profitipp Nr. 34

„4-Phasen-Plan" – Zusammenfassung
Aufmerksam machen
Wunsch äußern
 Konsequenzen ankündigen
Konsequenzen umsetzen

Der „4-Phasen-Plan" ist ein bewährtes Mittel, dem Ziel näherzukommen und dabei die Beziehung im Auge zu behalten, wenn *der andere* sich danebenbenimmt.

Was aber ist zu tun, wenn wir uns falsch verhalten oder einen Fehler begangen haben?

Was machen wir zum Beispiel, wenn wir den vereinbarten Liefertermin nicht einhalten können und ein Kunde sagt: „Sie haben zu lange Lieferzeiten!" Sollen wir wirklich mit „Stimmt, beim letzten Mal hat es der Lehrling bestellt und als wir geliefert haben, war der Mann schon in Pension!" antworten? Bringt das wirklich „mehr Humor ins Business"? Das glaube ich nicht und darum sage ich lieber kurz und ehrlich:

XIV.

Ich bitte um Entschuldigung

Statt schlagfertig zu „schießen", schlage ich vor, zuerst einmal durchzuatmen und zu überlegen: *Hat dieser Jemand etwa recht?*

Profitipp Nr. 35
Sie müssen in Verhandlungen nicht sofort antworten. Atmen Sie zuerst durch und denken Sie nach. Durchatmen und Nachdenken sind in Verhandlungen erlaubt, ja sogar durchaus erwünscht.

Falls Ihnen wirklich ein Fehler unterlaufen ist, dann gibt es nur eines: Sich zu entschuldigen – und zu überlegen, was Sie tun können, damit dieser Fehler nicht noch einmal passiert. Außerdem ist es gut, Vorschläge für die weitere Vorgehensweise zu machen.

„Ich entschuldige mich nicht", erklären manche Seminarteilnehmer kategorisch, *„eine Entschuldigung ist ein Zeichen von Schwäche!"* Ist das wirklich so?

Was meinen Sie?
Eine Entschuldigung ist ein Zeichen von Schwäche!
O Ja   O Nein

Grund: *Ein Zeichen von Ausdauer keit u. Respekt*

Ich finde, das genaue Gegenteil ist der Fall: Eine Entschuldigung ist ein Zeichen von *Stärke*.
Erinnern wir uns doch einfach an unsere Kindheit zurück. Ist es uns leichtgefallen, zu einem Fehler zu stehen und uns dafür zu entschuldigen? War es nicht um vieles einfacher, andere als Schuldige hinzustellen („Ich habe die Fensterscheibe nicht mit dem Fußball eingeschossen, das war Thomas!") oder (auch vor der Verantwortung) davonzulaufen? Wir mussten lernen, den eigenen Kopf für unsere Fehler hinzuhalten. Wir mussten lernen, uns zu entschuldigen. Das war ein wichtiger Meilenstein auf unserem Weg, erwachsen zu werden. Das „Harvard Konzept"[L] sieht eine Entschuldigung als oftmals beste Investition in eine Verhandlung an.

Profitipp Nr. 36

Einen Fehler zu machen, ist menschlich. Nicht daraus zu lernen, ist dumm. Wenn ein Fehler passiert, dann ist es in der Regel am besten, sich zu entschuldigen, zu überlegen, wie der Fehler in Zukunft vermieden werden kann, und Lösungsvorschläge anzubieten.

Das Café und die Kirchturmuhr

Als ich mich mit Freunden zum samstäglichen Frühstück treffe, schlägt die Kirchturmuhr neun Mal. Als wir immer noch nichts zu essen haben, schlägt sie zehn. Wir machen die Kellnerin auf diesen Umstand aufmerksam.

„Ach was, so lange sitzen Sie sicher noch nicht hier!", meint diese sichtlich genervt. Wir widersprechen. Die Geschäftsführerin wieselt beflissen herbei und will wissen, was los ist. Wir sagen es ihr.

Darauf erklärt sie: „Wenn die Maria sagt, dass Sie noch nicht so lange hier sitzen, dann glaube ich ihr das."

Ein kleiner Blick auf den roten Faden zeigt deutlich, welche Fehler die Kellnerin und die Geschäftsführerin gemacht haben. Was war ihr *ursprüngliches Ziel*? Fünf Frühstücke zu verkaufen, zufriedene Gäste zu haben, die gerne wiederkommen und Werbung für das Café machen.

Dieses Ziel haben sie zugunsten eines jeweils *neuen* Zieles völlig aus den Augen verloren. Beide sind vom roten Faden zu ihrem neuen Ziel abgebogen.

Das neue Ziel der Kellnerin: die Schuld von sich zu weisen.

Das neue Ziel der Geschäftsführerin: loyal zur Mitarbeiterin zu sein.

Roter Faden bei Kaffeehaus und Kirchturmuhr

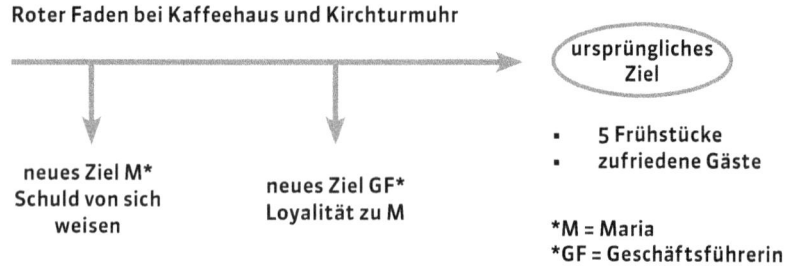

neues Ziel M*
Schuld von sich
weisen

neues Ziel GF*
Loyalität zu M

ursprüngliches
Ziel

- 5 Frühstücke
- zufriedene Gäste

*M = Maria
*GF = Geschäftsführerin

Nicht schuld sein zu wollen, ist menschlich. Loyalität zu den eigenen Mitarbeitern zu zeigen, ist ehrenwert. Fünf Stammkunden zu vertreiben, ist dumm. Es wiegt außerdem schwerer, und dies umso mehr, als der Fehler tatsächlich bei der Kellnerin lag. Bedenken wir bitte: Es ging in diesem Fall nicht darum, wer die Schuldige ist! Es hätte für die Kellnerin und die Geschäftsführerin vielmehr darum gehen müssen, ihre kurzfristigen und langfristigen Ziele zu erreichen: fünf Frühstücke zu verkaufen, Geld in der Kasse, zufriedene Kunden, gute Mundpropaganda, Zukunft des Cafés und damit den eigenen Arbeitsplatz beziehungsweise die eigene berufliche Zukunft zu sichern.

Durch ihr Verhalten haben beide das Gegenteil erreicht. Fünf Freundinnen haben das Café seither nicht mehr betreten und all ihren Freunden von diesem Vorfall erzählt. Diese haben es wiederum ihren Freunden erzählt ... und so weiter. Um wie vieles sinnvoller wären ein „Tut mir leid! (= Entschuldigung) mit einem „Ich schaue sofort in die Küche, wo Ihr Frühstück bleibt!"(= Lösungsvorschlag) gewesen!

> **Dasselbe Café, diesmal der Chef**
> Gäste: „Wo bleibt unser Kaffee? Wir können nicht endlos warten!"
> Chef: „Ich kann auch nichts dafür, dass Sie nichts von österreichischer Kaffeehauskultur verstehen!"

Diesmal war es Schlagfertigkeit statt der dringend nötigen Entschuldigung. Die negativen Folgen sind die gleichen wie bei seiner Frau und Maria. Apropos Schlagfertigkeit, hier kommt gleich das nächste Beispiel:

Hubert und das Schnitzel
In einem überfüllten Gasthaus wartet Hubert mit seiner Familie auf die bestellten Wiener Schnitzel. Als diese endlich kommen, ist eine gute Stunde vergangen, die Kellnerin außer Atem und der geduldige Hubert mitfühlend: „Mir scheint, Sie haben hier zu wenig Personal!"
„Wie man es nimmt", antwortet die Serviererin schlagfertig, „man könnte auch sagen, wir haben zu viele Gäste!"

Was für eine zielorientierte Meisterleistung! Was für ein großartiges Beispiel für Schlagfertigkeit! Verstehen Sie jetzt, warum ich sage: Wenn wir klug sind, werden wir besser darauf verzichten? Sie sagen: *„Das war doch nicht nur schlagfertig! Die Kellnerin war einfach überfordert und ihre Worte kamen von Herzen."* Ich sage: Na und?

Profitipp Nr. 37
Nicht alles, was von Herzen kommt, darf auch gesagt werden – vor allem dann nicht, wenn man damit den roten Faden verlässt.

Es kann nicht das Ziel einer loyalen Kellnerin sein, schlagfertig (oder von Herzen ehrlich) zu sein und damit ihre Gäste zu vertreiben! Ihr Ziel ist es (müsste es sein), mit ihrem Service die Gäste so zufriedenzustellen, dass sie das Lokal weiterempfehlen und wiederkommen. Weniger Gäste? Das ist schneller zu erreichen, als die Kellnerin denkt. Wie gefällt Ihnen folgende einfache Gleichung: Weniger Gäste = weniger Arbeit = weniger Bedarf an Personal = Gefahr für den eigenen Arbeitsplatz? Will die Kellnerin das wirklich? Um wie vieles sinnvoller wäre eine kurze, freundliche Entschuldigung für die lange Wartezeit gewesen!

Noch eine wichtige Anmerkung: Die ehrliche Meinung der Kellnerin über die Zustände im Betrieb gehört in ein Vieraugengespräch mit ihrem Vorgesetzten – und nicht in eine Diskussion mit dem Gast.

Bitte verwechseln Sie eine Entschuldigung nicht mit einer Rechtfertigung

Eine kurze Erklärung, warum ein Fehler passiert ist („Zwei der vier Köche sind im Krankenstand!"), kann helfen, die Hintergründe zu verstehen. Damit kann der Gast in der Regel besser leben und zieht keine negativen Schlüsse für die Zukunft. Rechtfertigungen („Ich weiß, dass ich so langsam bin. Das war ich bereits in der Schulzeit. Meine Mutter meinte, das sei erblich bedingt, weil meine Oma auch schon so langsam war ...") helfen weder der Kellnerin noch dem Gast.

Profitipp Nr. 38
Eine Entschuldigung ist am besten kurz und ehrlich gemeint. Die Angabe des Grundes wird meistens, muss aber nicht unbedingt, sinnvoll und nötig sein. Rechtfertigungen interessieren in der Regel keinen Menschen und Sie machen sich selbst damit kleiner als nötig.

Bleibt uns nur noch, die elegante Antwort auf den Vorwurf „Sie haben zu lange Lieferzeiten!" zu finden. Wenn Sie wirklich den Termin überschritten haben, dann hilft folgende Kombination: Entschuldigung + kurze Begründung + Lösungsvorschlag. Also zum Beispiel: „Es tut uns leid, beim Versand gab es Probleme. Wir stellen Ihre Ware am Mittwoch zu." Sollte allerdings eine Entschuldigung ein Schuldeingeständnis bedeuten, das Sie (finanziell) teuer zu stehen käme, würde ich darauf verzichten, wenn Sie eine gute Chance sehen, die Angelegenheit anders regeln zu können.
Kommen wir zum dritten Kriterium, das neben Ergebnis und Beziehung eine Verhandlung zu einer guten Verhandlung macht.

103

XV.
Sie führen das Gespräch effizient am roten Faden

Wie oft ist Ihnen das schon passiert? Sie beenden die Verhandlung und sind mit dem Ergebnis zufrieden, das Klima war im Großen und Ganzen gut, die Beziehung wurde nicht verschlechtert ... und dennoch ist da ein schales Gefühl der Unzufriedenheit. Es hat alles viel länger gedauert, als es nötig gewesen wäre. Dazwischen waren Phasen, in denen Dinge besprochen wurden, die überhaupt nichts mit der Sache zu tun hatten. Sie haben sich in Details verloren. Es gab Attacken, Gegenattacken, Rechtfertigungen. Sie fragen sich: Hätte ich es nicht doch noch besser machen können?

Natürlich ist, wie wir gesehen haben, eine Verhandlung vorrangig dann gut, wenn das Ergebnis stimmt und die Beziehung zumindest gleich gut geblieben ist. Die hier genannten Aspekte zeigen, dass etwas anderes gefehlt (oder zumindest teilweise gelitten) hat, nämlich die Effizienz.

Damit wir uns richtig verstehen: Effizienz bedeutet hier nicht, dass wir möglichst schnell durch eine Verhandlung „rasen" sollen. Manche Themen brauchen Zeit. Manche Menschen brauchen Zeit.

Profitipp Nr. 39
Der rote Faden

Effizienz bedeutet, das Ziel – und die Alternativen dazu – stets im Auge zu behalten und entlang des roten Fadens zu verhandeln.

Effizienz bedeutet auch, diese Verhandlung deshalb zu führen, weil es Ihnen wichtig ist (oder wichtig sein müsste), das Ziel, das sie anstreben, zu erreichen. Den roten Faden zu verlassen, kann gefährlich werden. Denn je weiter wir uns davon wegbewegen, desto schwieriger wird es, wieder darauf zurückzukehren. Je weiter wir uns wegbewegen, desto mehr Zeit verstreicht sinnlos und das bringt negative Emotionen ins Spiel.

Den roten Faden zu verlieren geschieht ganz leicht, meist binnen Zehntelsekunden. Oft merken wir gar nicht, dass wir dabei sind, ihn zu verlieren (Sie erinnern sich an Sandra und die Vögel?). Meist macht sich erst ein ungutes Gefühl breit, wenn wir ihn längst verloren haben.

Profitipp Nr. 40
Wenn wir uns vom roten Faden wegbewegen, laden wir negative Gefühle ein, uns dabei zu begleiten.

Die Palette der negativen Gefühle reicht von Ungeduld („Jetzt redet der wieder so viel!", „Das weiß ich doch schon längst!") über Hilflosigkeit („Der nächste Termin beginnt in einer Stunde und ich komme hier nicht hinaus!") bis hin zu Kränkung („Das finde ich nicht witzig!") und Wut (Na, warte!").

Die wichtigsten Gründe, die uns vom roten Faden wegführen und die wir daher in Zukunft vermeiden sollten:

A. Schlagfertigkeit
B. Neue Ziele
C. Themenwechsel und „Geschwafel"
D. Verlieren in Details
E. Falsche Fragen
F. Ironie, Scherze auf Kosten anderer, Witze, dummes Gerede
G. Emotionen
H. Killersätze und alle Arten von Attacken

A. Schlagfertigkeit

Über Schlagfertigkeit haben wir uns in den Kapiteln VIII. bis X. ausführlich unterhalten. Sie wissen mittlerweile, wie leicht Ergebnis und Beziehung damit aufs Spiel gesetzt werden können. Dass auch der rote Faden darunter leiden kann, kommt für viele von uns überraschend. Folgende anschauliche Beispiele habe ich im genannten Schlagfertigkeitsbuch innerhalb weniger Seiten gefunden (Schlag auf Schlag, sozusagen).

> Jemand: „Ach, Sie trinken Alkohol? Ich kann auch so lustig sein!"
> Sie: „Ich kann mich nicht erinnern, Sie schon einmal lustig erlebt zu haben!"

Darauf sage ich: Ja, ganz „witzig". Aber es kommt darauf an, *wer* mir gegenübersitzt und *was* man von ihm will oder irgendwann einmal wollen könnte. Denn die Beziehung verbessert es mit Sicherheit nicht. Zu einem Geschäftspartner oder einem Vorgesetzten würde ich das daher nie und nimmer sagen.

> Polizist: „Gibt's eigentlich nur Idioten bei der Post?"
> Postbeamter: „Nein, die anderen sind bei der Polizei!"

Darauf sage ich: Das ist ganz und gar nicht witzig und an die Zukunft (die in diesem Fall bereits in der nächsten Sekunde beginnt) wird überhaupt nicht gedacht. Was auch immer Sie von der Polizei im Allgemeinen oder von einem Polizisten im Besonderen halten mögen – er sitzt am längeren Hebel. Er hat, wenn wir an die unterschiedlichen Größenverhältnisse von Kapitel XII. denken, die Macht seines Amtes im Rücken. Das wird er Sie spüren lassen, ganz besonders, wenn er der Typ Mensch ist, der sich zu so einem ersten Satz hat hinreißen lassen. Der Schlagfertigkeitsexperte meint, dass Schlagfertigkeit *mutig* mache. Ich sage: Diesen Mut wird man auch brauchen, wenn ein Verfahren wegen Beamtenbeleidigung droht. Das nächste Beispiel war für mich besonders interessant, da es mich jederzeit selbst betreffen könnte.

Beispiel: Seminar, 100 Männer, eine Trainerin
Die Trainerin hat Schwierigkeiten mit dem Tageslichtprojektor.
Mann: „Frauen und Technik!"
Trainerin: „Stimmt, Sie haben recht, das ist dasselbe wie Männer und Sex!"

Der Schlagfertigkeitsexperte ist begeistert: „Liebe Frauen – einprägen!"

Mein Kommentar: „Liebe Frauen – bitte nicht einprägen!" Wir müssen uns nicht unter unser Niveau begeben. Es gibt viel charmantere, zielführendere Antworten. Wenn ich mich bei Technik auskenne, dann sage ich „Warten Sie's ab!" oder „Das passt gut zusammen, nicht wahr?" Wenn ich mich nicht auskenne, bitte ich ihn gleich, das Problem für mich zu lösen: Ziel erreicht – so einfach, so schnell, so unspektakulär, so elegant.

Und schon haben wir den nächsten gravierenden Denkunterschied zwischen dem Schlagfertigkeitsexperten und Frau Rauchberger herausgefunden:

Profitipp Nr. 41

Der Schlagfertigkeitsexperte rät: „Fragen Sie sich: *Wie kann ich den Angreifer in einem schlechten Licht erscheinen lassen?*"

Ich hingegen sage: „Fragen Sie sich: *Wie kann ich eine gute Verhandlung zum Erfolg führen?*"

Der Schlagfertigkeitsexperte rät: „*Unterstellen Sie Ihrem Angreifer etwas. Diese Unterstellung muss nicht zwingend der Wahrheit entsprechen.*"

Ich hingegen sage: „*Was bringen falsche Unterstellungen? Sie führen auf Nebenschauplätze vom roten Faden weg und gefährden Ihre Ziele.*" Also lassen Sie es bleiben. Es ist auch in Ihrem Interesse.

B. Neue Ziele

Dass sich in unseren Gesprächen blitzschnell neue Ziele auftun können, zu denen wir ohne nachzudenken abbiegen, kennen wir bereits aus den Beispielen „Das Café und die Kirchturmuhr" und „Hubert und das Schnitzel". Kommen wir zum nächsten Fall aus der Praxis:

Roswitha und die Gebäudereinigung (Teil 1)
„Frau Rauchberger, ich bin eine sehr gute Verhandlerin", erklärt mir Roswitha, die Geschäftsführerin einer Gebäudereinigungsfirma, „sonst wäre ich sicher nicht in diese leitende Position gekommen. Eines stört mich allerdings: Wenn ein Gespräch länger als 90 Minuten dauert, dann werde ich nachgiebig. Dann unterschreibe ich Verträge, über die ich mich im Nachhinein furchtbar ärgere!"

Sie kam in mein Seminar „Verhandlungstraining intensiv", um eine Lösung für dieses Problem zu finden. Sie wollte, dass ich „abstelle", dass sie unterschreibt.

Was würden Sie Roswitha raten?

_____

_____

1. MACH MAL PAUSE!

Führen Sie auch manchmal Verhandlungen, die länger als eineinhalb Stunden dauern? Machen Sie dann eine Pause? Nein? Sollten Sie aber!

a. Pausen helfen bei Konzentrationsmängeln

Nach neunzig Minuten ist die Konzentration verbraucht. Um neue zu gewinnen, ist es ratsam, aufzustehen und sich zu bewegen. Frische Luft und ein belebendes Getränk (Wasser ist auf die Dauer besser als Kaffee oder Energydrinks) helfen, die grauen Zellen wieder in Schwung zu bringen.

Sie haben keine Zeit dafür? Unsinn! Die zehn Minuten, die eine erfrischende Pause in Anspruch nimmt, holen Sie mühelos im Gespräch wieder auf.

b. Pausen helfen bei Emotionen

Eine Pause hat noch einen anderen, entscheidenden Vorteil: Sie verhindert, dass negativen Emotionen mit Ihnen „durchgehen" und Sie Gefahr laufen, Dinge zu *tun* oder zu *sagen*, die Sie im Nachhinein bereuen würden.

Wenn Sie also merken, dass die negativen Gefühle so stark sind, dass vernünftiges Denken nicht mehr möglich ist – Pause einlegen! Pausen helfen nicht nur bei negativen Gefühlen, sondern auch, wenn positive Gefühle, zum Beispiel Euphorie, Ihren Verstand zu überlagern drohen.

> **Kauf mit Gefühl, aber ohne Verstand**
> Sie sind so glücklich über den neuen Sportwagen, den Sie sich geleistet haben, dass Sie sich auch noch zu den sündteuren, ganz besonderen Alufelgen überreden lassen, obwohl Ihnen die Felgen, die bisher drauf waren, gar nicht negativ aufgefallen wären?
> Die Verkäuferin war so nett und hat Sie so zuvorkommend beraten, dass sie schon aus Dankbarkeit nicht gehen wollen, ohne zumindest ein Paar Schuhe zu kaufen?

Lieber eine Pause machen, „abwarten und Tee trinken", *bevor* Sie „Ja" sagen. Wenn Ihnen der Kauf dann noch notwendig erscheint, können Sie immer noch zugreifen.

Profitipp Nr. 42

In der Regel verliert vieles, was man sich im Überschwang der Gefühle selbst eingeredet hat oder hat einreden lassen, schnell seinen Reiz.

Mehr zum Thema „Emotionen" finden Sie auch unter Punkt 7.

c. Pausen helfen, wenn sich „nichts mehr rührt"

Immer dann, wenn Sie bei einem Gespräch das Gefühl haben: „Ich komme nicht mehr weiter, wir haben beide unsere Standpunkte auf den Tisch gelegt, keiner ist bereit nachzugeben, wir haben absoluten Stillstand erreicht", ist eine Pause sinnvoll.

Stehen Sie auf, setzen Sie sich in Bewegung! Am besten ist es, es kommt Bewegung in *alle* Beteiligten. Sie werden feststellen, dass sich durch die Bewegung des Körpers auch der Geist bewegt. Und damit gerät auch die Sache, um die verhandelt wird, wieder in Bewegung. Wenn ich im Voraus weiß, dass eine Verhandlung schwierig wird, dann stelle ich den Getränkenachschub bewusst auf einen Tisch an den Rand des Raumes. So kann ich jederzeit aufstehen und Flaschen holen (ich komme in Bewegung) oder vorschlagen, dass sich jeder ein Getränk seiner Wahl nimmt (alle kommen in Bewegung). Kleiner Trick – erfreuliche Wirkung!

Profitipp Nr. 43

Unterschätzen Sie nicht die Wichtigkeit und positive Wirkung einer Pause! Spätestens alle 90 Minuten sollten Sie für zehn bis 15 Minuten unterbrechen. Öffnen Sie das Fenster – lassen Sie „frischen Wind" herein (und die „dicke Luft" abziehen).

Bewegung des Körpers bringt Bewegung in den Geist. Bewegung im Geist bringt Bewegung in die Sache.

d. Pausen dienen informellen Gesprächen

Und nicht zuletzt: Pausen können sehr gut zu informellen Gesprächen abseits des offiziellen Verhandlungstisches genutzt werden. Oft kommt man im informellen Gespräch zu Lösungen, die im formellen Rahmen nicht möglich erschienen sind.

Profitipp Nr. 44

Achten Sie in den Pausen immer darauf, welche informellen Gespräche laufen, und sorgen Sie dafür, dass Sie bei einem solchen Gespräch dabei sind, wenn dies Ihrer Zielerreichung dient.

2. WANN IST ES SINNVOLL, EINE VERHANDLUNG ABZUBRECHEN?

Ich selbst habe Verhandlungen bisher selten abgebrochen. Diese Maßnahme sollten Sie sich gut überlegen, bevor Sie sie ergreifen. Tun Sie es nur dann, wenn es entweder Ihrer Zielerreichung nützt oder wenn sich herausgestellt hat, dass das Weiterverhandeln (zumindest an diesem Tag) keinen Sinn mehr hat.

Wenn ich, wie die Geschäftsführerin der Gebäudereinigungsfirma Roswitha, bereits vorab weiß (oder in der Verhandlung merke), dass ich nach einer gewissen Zeit nachgiebig werde und mein geplantes Ziel aus den Augen verliere, kann es sinnvoll sein, die Verhandlung für diesen Tag abzubrechen und einen neuen Termin zu vereinbaren. Dann heißt die Devise: *Besser (noch) kein Vertrag als ein Vertrag, bei dem mein Unternehmen Schaden erleidet.* Noch sinnvoller finde ich es allerdings, die Ursache für die Nachgiebigkeit zu ergründen, um diese in Zukunft auszuschließen.

3. DAS UNBEWUSSTE NEUE ZIEL

Das ist wirklich interessant, nicht wahr? Solange ich mein Ziel (oder eine vorbereitete Alternative) vor Augen habe, werde ich nur Dinge

Der „rote Faden" von Roswithas Verhandlung:

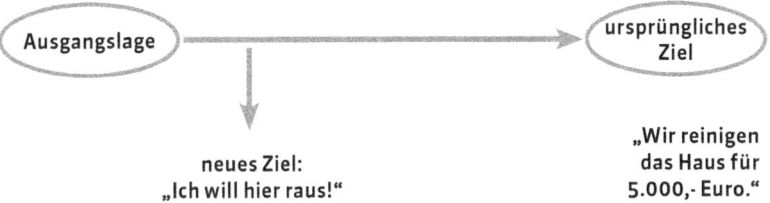

Roswitha verhandelt 90 Minuten und biegt dann (unbewusst) zu einem neuen Ziel ab. Da sie ein neues Ziel verfolgt, ergreift sie ganz andere Maßnahmen, als wenn sie noch das ursprüngliche Ziel vor Augen hätte.

tun und Aussagen tätigen, die mir helfen, dieses Ziel zu erreichen. Ich werde also den roten Faden einhalten.

Doch sobald ein neues Ziel vor meinem geistigen Auge auftaucht, biege ich vom roten Faden ab, und die Gefahr, dass ich mich „verlaufe", ist groß. Wenn ich nur noch „hier raus" will, brauche ich nämlich bloß zu unterschreiben, und schon habe ich mein Ziel erreicht! Das Ergebnis ist allerdings meilenweit vom eigentlichen Ziel („Wir reinigen das Haus für 5.000,- Euro.") entfernt!

Was ist die Lösung von Roswithas Problem?

Eine Möglichkeit wäre, nach 90 Minuten eine Pause einzulegen oder die Dauer der Verhandlung von vornherein auf 90 Minuten festzulegen. Schafft sie es, in dieser Zeit ihr Ziel zu erreichen, ist das perfekt. Falls nicht, wird ein neuer Termin vereinbart.

Oder – und das gefällt mir am besten – Roswitha arbeitet an ihrer *Selbstdisziplin*. Sie ist nämlich eine Frau, die sich selbst gerne reden hört. Wenn es ihr gelingt, sich etwas zurückzunehmen, dann schafft sie es vielleicht sogar binnen 90 Minuten, das gewünschte Ergebnis zu erreichen.

SCHLAGFERTIG WAR GESTERN!

Oder sie arbeitet an ihrem *Durchhaltevermögen.* Dann behält sie ganz bewusst das ursprüngliche Ziel im Auge – egal wie lange die Verhandlung dauert.

Profitipp Nr. 45
Achtung, Zukunft!
Wichtig ist es auch, dass wir nicht nur das (kurzfristige) Ziel einer Verhandlung im Auge behalten, sondern auch unsere zukünftigen Ziele.

Wenn Roswitha bei einem Geschäftspartner einmal nachgegeben hat (um ihr neues, unbewusstes Ziel „Ich will hier raus!" zu erreichen), dann wird sie es bei ihm in Zukunft schwer haben, *jemals* ihr gewünschtes Honorar zu bekommen. Wenn sich das herumspricht, kann es künftig sogar schwierig sein, ihre Honorarvorstellungen auch bei anderen Kunden durchzusetzen. Die Gedanken an die Zukunft bringen uns noch einmal zurück zu Sandra.

Sandra, die Frau mit den Vögeln (Teil 3)
Was waren Sandras Ziele im Seminar? Ihr Wissen zu erweitern. Was war ihr zukünftiges Ziel? In der Bank die Karriereleiter hinaufzusteigen.
Zumindest das zukünftige Ziel hat sie sich verbaut, und zwar dadurch, dass sie das spontan aufgetretene Ziel „Ich zeige allen, wie unglaublich originell und schlagfertig ich bin" verfolgt hat, ohne die Zukunft im Auge zu behalten. Was nützt ihr jetzt der von Schlagfertigkeitsexperten so viel gepriesene Mut? Nichts. Im Gegenteil, er schadet ihr nachhaltig.

XV. SIE FÜHREN DAS GESPRÄCH EFFIZIENT AM ROTEN FADEN

Bitte führen Sie sich während einer Verhandlung immer wieder vor Augen: *Auf welches Ziel verhandle ich in diesem Augenblick zu?* Ist es das Ziel, das ich mir vor der Verhandlung aufgeschrieben habe, oder ein *bewusst* gewähltes Alternativziel dazu? Oder bin ich *unbewusst* abgebogen und verfolge nun ein neues Ziel? Je schneller Sie zum roten Faden zurückkehren, desto besser! Für neue, unbewusste Ziele gibt es eine unendliche Anzahl an Möglichkeiten. Hier einige verbreitete Beispiele:

a. **Der andere beginnt mit einem Thema, das mit dem eigentlichen Gesprächsthema nichts zu tun hat, und Sie lassen sich darauf ein.**

Reiner und das Sponsoring

Reiner ist ein engagierter Sportlehrer. Für ein Projekt, das er mit seinen Schülern plant, sucht er Sponsoren. Ein Unternehmer zeigt Interesse und lädt ihn zu einem Gespräch ein. Reiner hat sich bestens vorbereitet, weiß genau, was er will und zu bieten hat, und geht mit Zuversicht in die Verhandlung. Anfangs verläuft das Gespräch gut, Reiners Zuversicht wächst, bis der Unternehmer launig erklärt: „Euch Lehrern geht es gut! Ihr arbeitet nur den halben Tag und habt dafür doppelt so lange Ferien wie wir!"

Das kann Reiner nicht auf sich sitzen lassen. Sein Ziel, einen bestimmten Betrag für das Sportprojekt aufzutreiben, rückt völlig in den Hintergrund. Seine neuen, unbewussten Ziele lauten „So redet man nicht mit mir!" und „Ich überzeuge den Mann davon, dass er unrecht hat!"

Das Gespräch artet in einen Streit aus.

Das Ziel „So redet man nicht mit mir!" hat Reiner am Ende vielleicht erreicht. Das andere, „Ich überzeuge den Mann davon, dass er unrecht hat!", nicht. Und was noch schwerer wiegt: Seine neuen Ziele haben ihn sein ursprüngliches Ziel verfehlen lassen. Geld gibt es keines.

„Na und", sagen Sie jetzt vielleicht, „Reiner hatte eben seinen Stolz!"

Profitipp Nr. 46

Selbstverständlich ist der eigene Stolz ein wichtiger Wert, den es zu verteidigen gilt. Oftmals jedoch bedeutet der Satz „Ich habe eben meinen Stolz" nichts anderes als „Ich habe spontan mein Ziel aus den Augen verloren", verbunden mit einem Gefühl, das ich den *„Beleidigte-Leberwurst-Faktor"* nenne.

Wird Reiners Stolz tatsächlich verletzt, weil irgendein Unternehmer Lehrer um ihre Freizeit beneidet? Hat nicht vielmehr der „Beleidigte-Leberwurst-Faktor" zugeschlagen und Reiner veranlasst, sein Ziel aus den Augen zu verlieren? Schade um das Sponsoring-Geld, das schon so gut wie sicher schien! Nach dem verunglückten Gespräch kam Reiner übrigens auch ziemlich schnell zu dieser Einsicht und hat sich (nicht mehr nur über den Unternehmer, sondern auch) über sich selbst geärgert – von der Enttäuschung der Schüler einmal ganz abgesehen.

Ich möchte Ihnen natürlich an dieser Stelle nicht verschweigen, was ich im Schlagfertigkeitsbuch entdeckt habe. Einer sagt: „Ihr Lehrer habt es gut. So viele Ferien möchte ich auch mal haben." Vorgeschlagene Antwort: „Hätten Sie was Gescheites gelernt, hätten Sie auch so viele Ferien!"

Ich will dem Schlagfertigkeitsexperten zugutehalten, dass er nicht wusste, dass es in diesem Fall um die Bitte um Geld ging. Das zeigt sehr schön und deutlich, wie gefährlich es ist, Schlagfertigkeit generell zu empfehlen, ohne den jeweiligen Zusammenhang zu kennen.

b. Weitere Beispiele für neue, unbewusste Ziele

Sie denken: „Na, dem zeige ich's …!" „Der beißt bei mir auf Granit!" Oder Sie denken: „Ich möchte, dass er mich mag!" Oder Sie denken gar nichts und Ihr Unbewusstes setzt Ihnen ein neues Ziel, auf das Sie ohne es zu merken zugehen, nur um sich nach der Verhandlung wahrscheinlich an den Kopf zu greifen und zu fragen: „Was ist denn da passiert?" und „Wie konnte das nur geschehen?"

Sabrina und der Lippenstift

In einem Verhandlungstraining für Topverkäufer kündigte ich an, dass wir nun eine Verhandlung auf Video aufzeichnen werden.

In meinen Seminaren bin meistens ich das Verhandlungsgegenüber meiner Teilnehmer. Ich schlüpfe dabei in die unterschiedlichsten Rollen. In diesem Fall war meine Rolle die einer Einkäuferin in einem namhaften Konzern.

„Bevor wir das tun", meldete sich Sabrina, eine Mittdreißigerin, zu Wort, „möchte ich zuerst auf die Toilette, um mich zu schminken."

Ich verstand den Grund für diese Schminkaktion nicht ganz. Wir hatten sie jetzt einen Tag lang so gesehen, wie sie war. Das Video würde niemand anderes zu Gesicht bekommen. Doch Sabrina bestand darauf. Sie verließ den Raum, schminkte sich, kam zurück, wir verhandelten. Sabrina machte dabei jeden Fehler, den man nur machen konnte, und kam zu keinem für sie erfolgreichen Verkaufsabschluss.

Als der „Aus"-Knopf an der Kamera gedrückt war, schüttelte sie fassungslos den Kopf: „Ich weiß nicht, was mit mir los

> war. Ich schwöre Ihnen, Frau Rauchberger, im ‚wirklichen Leben' verhandle ich viel besser."
>
> „Was war in dieser Videosequenz Ihr Ziel?", wollte ich wissen.

Sie ahnen es längst: Ihr Ziel war es, gut auszusehen. Und sie sah beeindruckend gut aus, aber das ist eben bei Verhandlungen das falsche Ziel – vor allem, wenn sie mit einer Frau wie mir verhandelt!

C. Themenwechsel und „Geschwafel"

Also lautet die Devise: Vermeiden Sie es, in Verhandlungen über Themen zu sprechen, die nicht auf Ihrem roten Faden liegen. Stimmen Sie mir zu? Dann bin ich gespannt, wie Sie folgenden Fall beurteilen:

> *Wasti, der tote Hund*
> *Sie wollen mit einem Geschäftspartner verhandeln, um ihm ein Produkt schmackhaft zu machen, da unterbricht er Sie: „Stellen Sie sich vor, mein Hund ist gestern gestorben. Wasti war so ein lieber Hund. Immer wenn man ein Stöckchen geworfen hat ..."*
> *Was machen Sie in so einem Fall? Reden Sie mit Ihrem Geschäftspartner über den toten Hund? Oder anders gefragt: Passt der tote Hund auf den roten Faden?*

_____

_____

Wie haben Sie sich entschieden? Sie meinen, der tote Hund habe auf dem roten Faden nichts verloren? Schließlich wollen Sie effizient sein und sind nicht zu Ihrem Geschäftspartner gekommen, um sich über tote Hunde zu unterhalten?

Spinnen wir den Faden weiter: Der Kunde trauert also um seinen toten Hund. Sie antworten: „Wissen Sie, Ihr Hund interessiert mich nicht im geringsten. Ich bin hier, um Ihnen unser Produkt zu verkaufen ..." (oder Sie lassen Ähnliches durchblicken, ohne es gar so brutal auszusprechen). Werden Sie Ihr Ziel in dieser Verhandlung erreichen? Wohl kaum.

Auch wenn es auf den ersten Blick vielleicht absurd erscheint: Natürlich passt der tote Hund auf den roten Faden!

Profitipp Nr. 47

Der rote Faden ist in Wahrheit aus zwei gleich starken „Teilfäden" gewebt: aus einem *Sachfaden*, der Sie zum angestrebten Ergebnis führt, und aus einem *Beziehungsfaden*, der dafür sorgt, dass die Beziehung zu Ihrem Verhandlungspartner zumindest gleich gut bleibt.

Wenn Sie also eine Verhandlung effizient führen und damit nur Dinge ansprechen wollen, die Sie auf dem roten Faden weiterbringen, können dies Themen sein, die Sie dem sachlichen Ziel *direkt* ein Stück näherbringen. Es kann aber auch sein, dass Sie zuerst in die Verbesserung der Beziehung „investieren", um damit den Boden für die Sache zu bereiten. Achten Sie dabei bitte immer darauf, dass Sie beide „Teilfäden" gleich wichtig nehmen. Verlieren Sie also vor lauter Konzentration auf Ihr sachliches Ziel die Beziehung nicht aus den Augen und vergessen Sie nicht vor lauter Beziehungspflege, welches Ergebnis Sie am Ende des Gesprächs nach Hause tragen wollen.

 Nur zur Sicherheit, damit wir uns nicht missverstehen:

a. **Wir selbst bringen Themen wie den toten Hund unseres Gesprächspartners in den seltensten Fällen auf den roten Faden.**
Das sollten wir nur dann tun, wenn wir den anderen sehr gut kennen und wissen, dass er mit uns(!) darüber sprechen will. Der Small Talk soll das Eis brechen und für ein gutes Gesprächsklima sorgen. „Ich habe gehört, Ihr Hund ist gestorben" gehört nicht dazu. Weder hebt es die Stimmung noch trägt es in der Regel zur Verbesserung der Beziehung bei.

b. **Wenn jedoch unser Verhandlungspartner dieses Thema anspricht ...**
... dann haben wir folgende Möglichkeiten:
Ist die Trauer so groß, dass ihm ein sachliches Gespräch sehr schwer fallen würde (und ist dieses Gespräch für uns nicht dringend und auch an einem anderen Termin möglich), so kann es klüger sein, diesem Umstand Rechnung zu tragen und vorzuschlagen, das Gespräch zu verschieben. Dieses Verständnis wirkt sich nicht nur auf die Beziehung positiv aus, sondern höchstwahrscheinlich auch auf das Ergebnis. Behalten Sie jedoch auch in einem solchen Fall die eigenen Interessen im Auge und schlagen Sie keine Verschiebung vor, wenn Sie eine Entscheidung dringend brauchen.
Wenn eine Verschiebung nicht infrage kommt, dann entscheiden Sie, wie lange der tote Hund auf dem roten Faden bleiben soll. Haben Sie dabei immer die Beziehung und Ihre Ziele im Auge. Und machen Sie die Trauer durch detaillierte Fragen zu Krankheit und Sterben nicht noch schlimmer.

D. Verlieren in Details

Michaela und das Intranet
In einem internationalen Konzern trafen sich alle Abteilungsleiter, um die Vor- und Nachteile einer internen

Kommunikationsplattform zu besprechen. Während es noch Pro- und Kontrastimmen gab und man sich nicht im Geringsten einig war, ob man diese Plattform *überhaupt* einrichten wollte, begann die IT-Leiterin Michaela mit einem Kollegen eine Diskussion, ob dafür das Programm in der Version 04 oder in der Version 05 sinnvoller wäre.

Die meisten Abteilungsleiter hatten keine Ahnung, wovon sie sprach, und interessierten sich, zu Recht, auch nicht dafür. Das zu entscheiden wäre Aufgabe der IT-Experten gewesen – *nach* der grundsätzlichen Entscheidung für die Plattform.

Michaelas vorgezogene Diskussion über Details zog das Meeting unnötig in die Länge. Dadurch verschlechterte sich die Stimmung unter den Anwesenden rapide. Fast wäre das gesamte Projekt, das Michaela so wichtig war, daran gescheitert.

Profitipp Nr. 48

Konzentrieren Sie sich zuerst auf das Grundlegende.
Erst wenn das geklärt ist, folgen die Details.

Anderenfalls laufen Sie Gefahr, dass Sie viel Zeit und Energie auf Details verschwenden. Sollte es später zu keiner Einigung über das Grundlegende kommen, waren alle Gespräche über Details verlorene Liebesmüh. Außerdem löst ein zu frühes Vertiefen in Details meist negative Emotionen wie Unmut, Langeweile oder Ungeduld aus, die vermeidbar gewesen wären und der Zielerreichung schaden. Dies gilt vor allem dann, wenn Personen am Meeting teilnehmen, deren Anwesenheit zwar zur Entscheidung über eine Grundsatzfrage notwendig, für die Erörterung von Details aber überflüssig ist.

Michaelas Verhandlung über Details hätte zu diesem Zeitpunkt nur dann eine Berechtigung gehabt, wenn das Detail für sie einen so hohen Stellenwert gehabt hätte, dass es ihre Grundsatzentscheidung erheblich beeinflusst hätte. Um es an einem anderen griffigen Beispiel zu erklären: Verhandeln Sie mit Ihrem Architekten nicht über die Griffe der Küchenschränke, wenn Sie eben erst dabei sind zu überlegen, ob Sie überhaupt eine neue Küche planen wollen. Es sei denn, die Griffe sind Ihnen so wichtig, dass Sie die Küche rund um dieses Detail entworfen haben wollen.

Ein besonders skurriles Beispiel aus meinen beruflichen Anfangsjahren möchte ich Ihnen nicht vorenthalten.

Ernst und das Hochseeschiff
Unser Unternehmen hatte ein Schiff gechartert, um Ware nach Fernost zu bringen. Auf dem Seeweg gab es Probleme, dringende Entscheidungen über eine eventuelle Routenänderung waren zu treffen. Ich ging zu Ernst, einem der Geschäftsführer (der erst kurz im Unternehmen war), um mit ihm die nötigen Vorkehrungen zu besprechen. Er hörte mir lange schweigend zu, nickte interessiert und sagte schließlich den unglaublichen Satz: „Frau Rauchberger, welche Farbe hat eigentlich so ein Schiff?"
Wir haben uns dann geraume Zeit dieser Frage gewidmet, anstatt die erforderlichen Maßnahmen in die Wege zu leiten ...

E. Falsche Fragen

Sicher kennen Sie den Grundsatz „Es gibt keine dummen Fragen!" Manche fügen an: „Nur dumme Antworten!" Immer dann und immer dort, wo jemand etwas lernen soll, ist das ein sehr gescheiter

Grundsatz, also im Kindergarten, in der Schule, in der Ausbildung, aber auch im Arbeitsleben.

Profitipp Nr. 49
Wenn Sie einen neuen Kollegen oder eine neue Mitarbeiterin bekommen, dann rate ich Ihnen inständig: Sagen Sie den Satz „Es gibt keine dummen Fragen!" möglichst bald.

Viele Menschen fürchten, dass man sie für dumm oder inkompetent halten könnte, wenn sie Fragen stellen. Und darum versuchen sie die Aufgabe lieber *„irgendwie"* zu lösen. Und dieses *„Irgendwie"* kann das Unternehmen teuer zu stehen kommen. Darum: Bitte ermutigen Sie neue Mitarbeiter, Fragen zu stellen, auch wenn es Sie Zeit und vielleicht auch einige Nerven kostet.

> *Was meinen Sie? Gilt der Grundsatz „Es gibt keine dummen Fragen!" auch bei Verhandlungen?*

_____

_____

Meinen Sie wirklich, man darf bei Verhandlungen *alles* fragen? Dann möchte ich Sie mit einem besonders drastischen Beispiel zum Nachdenken bringen.

Der Kunde möchte unterschreiben
Sie sitzen mit Ihren Geschäftspartnern vor einem fertig ausverhandelten Vertrag, Ihr Gegenüber greift zum Kugelschreiber, um ihn zu unterschreiben, Sie freuen sich schon

über Ihren Erfolg und doch können Sie es sich nicht verkneifen, zu fragen: „Sind Sie sich wirklich absolut sicher, dass Sie das wollen?"

Ist das nicht doch eine dumme Frage? Ja, und zwar eine sehr dumme. So klug der Grundsatz „Es gibt keine dummen Fragen" im Bereich der Ausbildung ist, so gefährlich ist es, zu glauben, er gelte für alle Bereiche unseres Lebens.

Profitipp Nr. 50

Es gibt in Verhandlungen jede Menge dumme Fragen – nämlich all jene Fragen, bei denen Sie schon, *bevor* Sie sie stellen, wussten (oder hätten wissen müssen), dass sie Sie vom Ziel wegführen werden.

Manchmal wissen wir es nicht, ob uns eine Frage zum Ziel bringt oder nicht. Dann ist es natürlich meistens legitim, die Frage zu stellen.

Rene, der Autoverkäufer
Rene steht in seinem Geschäft, ein Mann kommt herein und sieht sich fragend um.
„Guten Tag. Welches Auto darf ich Ihnen zeigen?", fragt Rene.
„Auto? Wieso Auto?", entgegnet der Mann. „Ist das kein Elektronik-Fachmarkt?"

Er hatte sich offensichtlich in der Tür geirrt. Rene kam mit seiner Frage nicht zum Ziel. War sie daher eine falsche Frage? Nein, denn Rene konnte nicht wissen, dass sie ihn nicht zum Ziel bringen würde, und die Frage sorgte für Klarheit.

Neulich bei einem Reifenhändler

Die Kassiererin zur Kundin, die ihr vier 100-Euro-Scheine hinhält. „Sie bezahlen Ihre Reifen bar? Da möchten Sie wahrscheinlich drei Prozent Skonto?"

Die Kundin strahlt: „Ja, natürlich, gern!"

Darauf die Kassiererin: „Das habe ich mir gedacht. Leider ist das nicht möglich. Mein Chef ist dagegen. Ich habe schon oft versucht, ihn zu überzeigen. Aber es nützt nichts. Skonto gibt es bei uns nicht. Tut mir leid!"

Was war denn das für eine Frage? Die Verkäuferin hat damit Erwartungen geweckt, die die Kundin nicht einmal hatte! Und sie hat sie damit auf die Idee gebracht, sich künftig bei der Konkurrenz zu erkundigen, wie es dort mit einem Rabatt bei Barzahlung aussieht. Sie meinen, die Frage sei allein dazu gedacht gewesen, dem Chef eins auszuwischen? Oder um der Kassiererin die Möglichkeit zu geben, sich als kundenfreundlicher als der Vorgesetzte zu positionieren? Oder um die Kundin in den Kleinkrieg zwischen ihr und ihrem Chef hineinzuziehen – sie vielleicht sogar zu ihrer Verbündeten zu machen? Das mag schon sein – jedoch sind alle drei dem Arbeitgeber gegenüber illoyale Beweggründe und daher keine Entschuldigung!

Die Frage war auch deshalb dumm, weil die Kassiererin damit auf dem roten Faden keinen Millimeter weitergekommen ist. Sie stärkte damit auch nicht die Beziehung zwischen ihrem Unternehmen und der Kundin, ganz im Gegenteil.

Profitipp Nr. 51

Wecken Sie, in Ihrem eigenen Interesse, niemals Erwartungen, die Sie nicht erfüllen können oder wollen.

F. Ironie, Scherze auf Kosten anderer, Witze, dummes Gerede

Über die Gefahren, die mit Ironie verbunden sein können, haben wir uns bereits in Kapitel IX. ausgiebig unterhalten. Alles, was wir dort gesagt haben, gilt auch für Scherze, Witze und gedankenlose Plauderei.

Profitipp Nr. 52

Überlegen Sie sich bitte *vorher*, was Sie sagen. Machen Sie nur Scherze und Witze, wenn Sie sicher sind, dass Ihr Gegenüber diese ebenfalls lustig findet. Fragen Sie sich bei Scherzen auf Kosten anderer: „Welches Ziel habe ich dabei vor Augen?"

Was nützt Ihnen der beste Gag, wenn Sie der Einzige sind, der darüber lacht, wenn ausschließlich Sie Ihre Originalität und Genialität bewundern? Wenn Sie also wieder einmal denken: „Diese Bemerkung muss jetzt einfach raus!" oder „Ich finde das witzig. Wenn er sich darüber ärgert, ist er selbst schuld!", dann können Sie das alles natürlich auch in Zukunft aussprechen – so laut und so oft Sie wollen. Aber: Erst wenn Sie alleine und außer Hörweite sind! Denn wie es Profitipp Nr. 19 so richtig formuliert: Sind Worte einmal ausgesprochen, kann man sie nie wieder zurücknehmen. Natürlich ist es richtig und wichtig, dass Sie sich entschuldigen, wenn eine Bemerkung in die Hose gegangen ist, sei sie nun scherzhaft gemeint gewesen oder nicht. In Kapitel XIV. haben wir gesehen, dass eine Entschuldigung eine gute Investition in eine Verhandlung sein kann. Sie begrenzt (hoffentlich) den Schaden, den Ihre Worte angerichtet haben. Einfach wegradieren (= ungeschehen machen) kann sie ihn nicht.

> **Klassiker der Kategorie „Dummes Gerede"**
> Wir alle kennen die Klassiker: „Na, wann ist es denn so
> weit?" zu einer dicken, aber nicht schwangeren Frau. „Wer
> ist denn das hübsche Baby auf diesem Foto? Ihr Enkelkind?"
> zu einer Mutter über vierzig. „Teilen Sie die Meinung Ihrer
> Tochter?" zum Mann in den „besten Jahren" in Begleitung
> seiner Freundin.

Ob aus Versehen oder gar mit Absicht – diese Bemerkungen helfen
sicher nicht, die Beziehung zu verbessern. Darum gilt: Lieber vorher
kurz nachdenken als hinterher lange bereuen. Und wenn Sie sich
nicht sicher sind, ob eine Bemerkung positiv aufgenommen werden
wird, sollten Sie diese lieber hinunterschlucken.

G. Emotionen

„Hinunterschlucken" ist ein gutes Stichwort. Es bringt uns zu einer
weiteren verbreiteten Ursache, den roten Faden zu verlassen: den
Emotionen. Das können, wie wir bereits beim Thema „Pausen" gehört haben, positive Gefühle sein, meist sind es negative. Ein paar
Beispiele gefällig?

> **Emotionen können uns vom roten Faden wegführen**
> Sie sind so glücklich, dass überhaupt jemand Ihren neuen
> Laden betritt, dass Sie ihm spontan zwei Stück zum Preis
> von einem geben.
> Sie sind so beeindruckt (eingeschüchtert) von Ihrem neuen
> Geschäftspartner, dass Sie sich nicht trauen, die Forderun-
> gen Ihrer Firma durchzusetzen.
> Die Bemerkungen Ihrer Schwägerin finden Sie derart krän-
> kend, dass Sie einen offenen Streit beginnen und Ihrem Bru-
> der (den Sie lieben) das Geburtstagsfest verderben.

> Sie ärgern sich so über die Kritik Ihres Chefs, dass Sie ihn vor
> versammelter Belegschaft anschnauzen.
> Sie sind so überfordert mit den Argumenten Ihres puber-
> tierenden Kindes, dass Sie mit einer Ohrfeige drohen.

Und schon sind Sie weit entfernt vom roten Faden.

A. WAS ALSO TUN, WENN UNSERE GEFÜHLE DABEI SIND, DIE OBERHAND ÜBER UNSER KLARES DENKEN ZU GEWINNEN?

Durchatmen. Nicht sofort „zurückschießen", sondern schweigen.
Nachdenken: Was ist mein Ziel? Erreiche ich das Ziel noch, jetzt,
da meine Emotionen so stark sind? Wenn möglich, eine Pause einlegen.

Profitipp Nr. 53

Nicht nur, aber vor allem auch im Privatleben gilt:
Es muss nicht alles sofort ausdiskutiert werden.
Machen Sie eine Pause, reden Sie erst wieder miteinander,
wenn die Wogen etwas geglättet sind.

Mit diesem Vorgehen ersparen Sie sich im Beruf, in der Partner-
schaft, aber auch mit Ihren halbwüchsigen Kindern viele unerfreuliche Szenen, die nichts bringen, aber die Beziehung (zumindest
kurzfristig) eintrüben. Klären Sie den anderen auf, was Sie tun,
dann kann er sich darauf einstellen und weiß, es kommt die Zeit, in
der alles besprochen werden kann. Das beruhigt die Gemüter und
gibt auch ihm die Gelegenheit, zu überlegen, was er „eigentlich" will.
„Sprechen wir heute um 15 Uhr in Ruhe darüber, wir sehen uns im
Konferenzraum" oder „Ich gehe jetzt spazieren, ich komme in einer
halben Stunde wieder" ist in diesem Zusammenhang besser (und
beruhigender) als „Ich gehe mal Zigaretten holen".

Ist aus einem wichtigen Grund eine Pause nicht möglich, so *gehen Sie im Raum auf Distanz*. Verändern Sie Ihre Körperhaltung, rücken Sie Ihren Stuhl zurück, nehmen Sie einen Schluck Wasser. Ziehen Sie bei Aggression bewusst beide Augenbrauen hoch und erweitern Sie so Ihr Blickfeld. Vielleicht finden Sie auch einen schlüssigen Grund, aufzustehen und sich in Bewegung zu setzen. All das hilft, negative Gefühle zu mildern und wieder einen klaren Kopf zu bekommen.

B. POSITIVE GEFÜHLE DES ANDEREN
Andererseits ist es wichtig zu wissen, dass uns positive Emotionen *unserer Gesprächspartner* oft erst auf den roten Faden bringen. Wenn Sie etwas verkaufen wollen, reicht Fachwissen allein nicht aus. Je häufiger Sie in Ihrem Kunden positive Emotionen auslösen, umso eher wird er bei der Vergabe eines Auftrags oder Angebots an Sie denken, umso öfter wird er Ihr Ladengeschäft besuchen. Mehr dazu im Buch „Emotionales Verkaufen"[L] von Lars Schäfer.

H. Killersätze und alle Arten von Attacken

A. DEFINIEREN WIR ZUERST DAS WORT „KILLERSATZ"
Ein Killersatz ist für mich jede Aussage, die in Ihnen negative Gefühle auslöst. Es kann sein, dass Sie hilflos werden, wütend, verärgert, aggressiv, verletzt oder traurig. Unabhängig davon, ob dies vom anderen beabsichtigt war oder nicht, wird ein Satz damit zum Killersatz.

B. WAS IST DER UNTERSCHIED ZWISCHEN EINEM KILLERSATZ UND EINER ATTACKE?
Attacken sind Angriffe gegen unseren Gesprächspartner, gegen sein Unternehmen und/oder gegen Menschen, die ihm wichtig sind. Durch Attacken verlassen wir die Sachebene. Damit verletzen wir den Grundsatz „Hart in der Sache, weich zur Person". Im Unterschied

zu Attacken, die jemand bewusst fährt und die wir generell als negativ erleben, wirken Killersätze individuell verschieden. Manche erleben sie äußerst negativ, andere kommen gut damit zurecht oder bewerten einen Satz gar nicht als Killersatz. Es ist wichtig zu wissen, dass auch Aussagen, die wir „gar nicht böse gemeint haben", beim anderen als Killersätze ankommen können. Klassische Beispiele für Killersätze sind *„Da könnte ja jeder kommen!", „Das geht sowieso nicht!"* oder auch *„Als ich so jung war wie Sie ...".*

C. WAS KILLERSÄTZE UND ATTACKEN BEWIRKEN KÖNNEN

Dass die Gefahr groß ist, mit Killersätzen und Attacken den roten Faden zu verlieren, wird Sie sicher nicht überraschen. Wenn ich zu jemandem sage: *„Sie sind völlig inkompetent!",* brauche ich mich nicht zu wundern, wenn sich dieser Jemand zur Wehr setzt. Vielleicht zählt er Gründe auf, warum er *nicht* inkompetent ist, und führt Zeugen an (Verteidigung). Und/oder er beeilt sich, mir zu beweisen, wie schlecht es um *meine* Kompetenz steht oder welche Mängel man mir sonst noch vorwerfen kann (Gegenangriff). Genauso gut könnte es aber auch sein, dass sich der andere *nicht* offenkundig zur Wehr setzt oder sich nicht verteidigt – und „hintenherum" versucht, mein angestrebtes Ergebnis zu hintertreiben oder mir eins auszuwischen.

Wer sein Ziel im Auge behält, verzichtet auf Killersätze und Attacken. Konzentrieren Sie sich lieber auf überzeugende Argumente. Es ist in Ihrem Interesse, Killersätze und Attacken zu vermeiden, denn dann

- setzen Sie die Beziehung nicht aufs Spiel,
- ersparen Sie es sich, Verteidigungsreden anhören zu müssen,
- sparen Sie sich Gegenangriffe und
- müssen sich nicht ihrerseits verteidigen,
- können Sie ohne Umwege in Richtung Ziel weiterverhandeln.

Natürlich kann es gelingen, dass Sie durch eine Attacke Ihr Gegenüber mundtot machen oder so aus dem Konzept bringen, dass er Ihrer Lösung zustimmt. Natürlich können sie mit schlagfertigen Attacken den anderen „sprachmatt" setzen, wie es das Schlagfertigkeitsbuch verspricht. Vergessen Sie dabei jedoch bitte nicht den Grundsatz „Man sieht sich im Leben immer mindestens zweimal!" In Kapitel V. haben wir uns mit den Keulen der Steinzeit auseinandergesetzt – Attacken sind solche Keulen.

Eine große Anzahl von Killersätzen finden Sie im nächsten Kapitel. Nur zur Sicherheit: Diese sind weder zum Auswendiglernen und schon gar nicht zum Anwenden gedacht – denn Killersätze sind ebenfalls Keulen. Und Keulen führen, wie besprochen, weder zu nachhaltigen Ergebnissen noch zu Verbesserungen auf der Beziehungsebene. Ich habe Ihnen diese breite Auswahl an Killersätzen aufgelistet, damit Sie sich dagegen wappnen können und in Zukunft elegante Mittel zur Abwehr zur Verfügung haben.

Jetzt haben wir geklärt, was uns alles vom roten Faden wegbringt und was wir daher in Zukunft vermeiden werden. Noch nicht besprochen haben wir die Taktik, die wir anwenden, wenn *der andere* vom roten Faden abweicht und wir so schnell wie möglich auf diesen roten Faden zurückkehren wollen. Wir kommen zu Frau Rauchbergers Geheimwaffen gegen alle Arten von uninteressantem oder dummem Gerede, Attacken und Killersätzen, nämlich zur

- bewusst nonverbalen Reaktion,
- dem Geheimnis der zwei Silben und schließlich zur
- „3 R Regel".

XVI.
Die bewusst nonverbale Reaktion

Dieses Tool für Ihren Werkzeugkoffer bewährt sich nicht nur bei manchen Attacken und vielen Killersätzen. Sie können es auch sehr gut für jede Art von dummem Gerede oder dummen Witzen auf Ihre Kosten anwenden. Kennen Sie sie auch, die lustigen Zeitgenossen, die versuchen, uns durch mehr oder weniger launige Bemerkungen aus der Reserve zu locken?

Scherzbold um 17 Uhr, Teil 1
Das sind die Kollegen, die, sobald Sie um 17 Uhr das Büro verlassen, fragen: „Arbeitest du neuerdings Teilzeit?"

Wie verhalten wir uns am besten in einer derartigen Situation? Was tun, wenn andere uns mit kleinen Sticheleien, halblustigen Scherzen und/oder dummen Sprüchen provozieren oder aus der Ruhe bringen wollen? Sollen wir diese Scherzbolde ignorieren, weil sie es gar nicht wert sind, dass wir uns über sie ärgern?

A. Ignorieren ist keine Lösung

Ich habe einem Vortrag des bekannten Körperspracheexperten Prof. Samy Molcho[L] im Ohr, der sinngemäß Folgendes sagte: *„Wir Menschen kontrollieren ständig, ob wir überhaupt existieren, indem wir versuchen, Reaktionen unserer Mitmenschen auszulösen."* Bleiben diese Reaktionen aus, fühlen wir uns unwohl und versuchen noch stärker, solche Reaktionen auszulösen. Denken wir nur an Babys. Wie stark fordern sie die Reaktion ihrer Eltern ein: Sie schreien, bis sie blau anlaufen – so lange, bis man sie auf den Arm nimmt oder eine andere Reaktion erfolgt. Jugendliche? Wie dringend brauchen sie die Reaktionen der Erwachsenen. Entsprechend stark (und oft provokant) werden diese eingefordert. Bei mir ist es auch so. Neulich an der Wursttheke im Supermarkt: Ich wäre an der Reihe gewesen, doch die Verkäuferin hat mich ignoriert und die Leute neben mir bedient. Ein Mal habe ich mir das gefallen lassen, doch dann habe ich mich äußerst unwohl gefühlt und energisch die Reaktion der Wurstverkäuferin eingefordert.

Wenn ein Scherzbold eine dumme Bemerkung auf Ihre Kosten macht und Sie reagieren *nicht* darauf, dann bestehen zwei Gefahren: Entweder fühlt er sich bestätigt – was Sie nicht wollen – oder er lässt nicht locker und fordert Ihre Reaktion noch stärker heraus – was Sie noch weniger wollen. Denn er wiederholt vielleicht das Ganze, wird lauter, bindet Dritte mit ein: „Hast du gehört, was ich gesagt habe? Ich habe gesagt ..." Und so zieht die Provokation noch weitere Kreise. Ignorieren ist definitiv keine gute Idee.

Heißt das also, wir geben dem Scherzbold genau die Reaktion, die er herausfordern möchte? Sollen wir uns ärgern? Provozieren lassen? Klein machen? Ganz sicher nicht! Und bitte: Hören Sie auf, sich vor solchen Provokateuren zu rechtfertigen!

B. Rechtfertigen ist auch keine Lösung
Spielen wir so ein Gespräch einmal durch:

Beispiel: Scherzbold um 17 Uhr, Teil 2
Es ist 17 Uhr. Sie wollen das Firmengebäude verlassen und ein Kollege fragt: „Na, arbeitest du neuerdings Teilzeit?" Erschrocken beginnen Sie sich zu rechtfertigen: „Nein, nein, natürlich nicht. Ich bin heute bereits um 7 Uhr im Büro gewesen. Also habe ich ohnehin Überstunden gemacht. Und überhaupt finde ich, dass es nicht auf die Anzahl der Stunden ankommt, sondern was man während dieser Stunden alles erledigt ..." (Rechtfertigung)

Würden Sie sagen, es besteht die Chance, dass dieses Gespräch durch unsere Rechtfertigung zu einer *guten* Verhandlung wird? Rufen wir uns in Erinnerung, welche drei Kriterien eine Verhandlung zu einer guten machen:

1. Wir erreichen ein Ergebnis, mit dem wir (und möglichst beide) zufrieden sind.
2. Wir verbessern die Beziehung.
3. Wir sind effizient und haben Interesse an dieser Verhandlung.

Sind diese Kriterien in solchen Fällen erfüllt? Wohl kaum. Ganz im Gegenteil: Die Gefahr ist groß, dass Ihnen der Kragen platzt, Sie zum Gegenangriff übergehen und das Gespräch in etwa so weiterläuft:

> **Beispiel: Scherzbold um 17 Uhr, Teil 3**
> Sie: „... und überhaupt: Was geht dich denn das an? Du bist
> schließlich nicht mein Chef. Außerdem: An deiner Stelle
> wäre ich ganz ruhig: Wer ist denn vorigen Montag bereits
> um 3 Uhr nach Hause gegangen? Wer hat denn ...“

C. Gegenangriffe sind ebenfalls keine Lösung

Solche Gegenangriffe sind auch nicht der beste Weg, die Beziehung
zu Ihrem Kollegen zu verbessern, nicht wahr? Das Argument, dass
er schließlich angefangen hat, haben wir bereits in Kapitel X. als
nicht stichhaltig entlarvt.
Bevor ich Ihnen verrate, wie die „bewusst nonverbale Reaktion" funktioniert, möchte ich noch zu einem anderen Beispiel kommen. Es
war eine für mich persönlich wichtige (und gefährliche) Situation:

> **„Oberchef" und die Frauenbewegung, Teil 1**
> Vor vielen Jahren arbeitete ich in einem Unternehmen, das
> von einer besonders charismatischen Persönlichkeit geleitet
> wurde. Sie kennen das vielleicht: Ganz oben in der Hierarchie
> sitzt der „Oberchef", zu dem alle Fäden führen. Er war zwar
> ein Patriarch, aber kein Despot, sondern durchaus bereit,
> sich überzeugen zu lassen. Zum Glück hat er mich und meine
> Leistungen geschätzt. So wurde ich bald Abteilungsleiterin
> und saß in meiner ersten Abteilungsleiterbesprechung.
> Ich weiß es noch bis heute: Ich hatte das Wort und vertrat
> meine Ansicht zu einem für mich besonders wichtigen Thema.

Zuerst war ich natürlich aufgeregt. Die Aufregung legte sich, als ich bemerkte, dass es mir offensichtlich gut gelang, die anderen (ausschließlich männlichen) Kollegen von meinem Standpunkt zu überzeugen. Der Oberchef hörte eine Zeit lang schweigend zu. Anscheinend gefiel ihm nicht, wie die Dinge liefen. Jedenfalls sagte er plötzlich, während ich sprach, mitten hinein und völlig aus dem Zusammenhang gerissen: „Na, Frau Rauchberger, wie geht es denn der Frauenbewegung?"

Da saß ich nun, wie vor den Kopf geschlagen. Ich hatte keine Ahnung, was ich antworten sollte. Darum sagte ich gar nichts.

Mein Oberchef grinste zufrieden, nahm den roten Faden auf und argumentierte zu seinem Ziel. Dieses war weit von meinem entfernt.

Profitipp Nr. 54

Abteilungsleiterbesprechungen, Arbeitskreissitzungen, interne Meetings und alle anderen, ähnlichen Zusammentreffen sind nichts anderes als Verhandlungen – schließlich sind jede Menge Interessen und Ziele mit im Spiel.

1. Schweigen ist oft durchaus schlau, aber meist unbefriedigend

Nun ist es zwar mit Sicherheit immer noch besser, gar nichts zu sagen, als etwas, das man nachher bereut. Und es ist auch richtig, dass man für Diskussionen den richtigen Zeitpunkt wählen sollte, um die Erfolgsaussichten zu erhöhen. Also habe ich mich dadurch, dass ich geschwiegen habe, durchaus vernünftig verhalten. Unbefriedigend war es trotzdem – und zwar sehr. Was aber hätte ich tun sollen?

2. Hätte eine Diskussion geholfen?

Hätte ich den Oberchef darüber informieren sollen, dass ich über die Aktivitäten der Frauenbewegung im Detail nicht Bescheid wisse? Dass ich aber froh darüber sei, dass Frauen seit Jahrzehnten um unsere Rechte kämpfen, da ich sonst sicher nicht die Positionen innehätte, die ich innehatte? Meinen Sie, das hätte zu einem Ergebnis geführt, mit dem der Oberchef und ich gleichermaßen zufrieden gewesen wären? Hätte das die Beziehung zu ihm (und meinen anderen männlichen Kollegen!) entscheidend verbessert? Hätte mich das meinem Ziel, mit dem Oberchef weiterhin ein gutes Einvernehmen zu haben, meinen Standpunkt durchzubringen und in dieser Firma noch weiter aufzusteigen, näher gebracht? Nein, nein und nochmals nein.

3. Hätte ich vielleicht besser schlagfertig sein sollen?

Dann hätte ich dem Oberchef eine von Schlagfertigkeitsexperten empfohlene, sogenannte „Unterstellungsfrage mit verstecktem Gegenangriff" entgegenschleudern können, zum Beispiel: „Was ist das für ein Gefühl, wenn man keine Freunde hat?" Mir wird noch heute angst und bange, wenn ich mir seine Reaktion auf diese Gegenfrage ausmale.

4. Wäre ein offenes Wort die Lösung gewesen?

Hätte ich die Bemerkung des Oberchefs vor versammelter Mannschaft zurückweisen sollen? Hätte ich ihm sagen sollen, dass es ihn gar nichts anginge, wie ich zur Frauenbewegung stehe, dass das Thema überdies nichts zur Sache täte? Hätte ich ihn bitten sollen, in Zukunft auf solch unqualifizierte Aussagen zu verzichten? Sie meinen, das wäre nur recht und billig gewesen? Dann haben Sie wahrscheinlich zumindest eines meiner drei Ziele aus den Augen verloren:

- Ich wollte in der Abteilungsleiterbesprechung seine und die Zustimmung der Kollegen zu einem mir wichtigen Projekt.
- Ich wollte die Achtung meines Oberchefs weiterhin genießen und nicht seine Autorität untergraben.
- Ich wollte in dieser Firma die Karriereleiter hinaufklettern.

Wenn man solche Ziele hat, ist die Kritik am Vorgesetzten vor den Ohren anderer tabu. Punkt.

Profitipp Nr. 55

Sie möchten Kritik an Ihrem Vorgesetzten üben?
Sie wollen ihn bitten, sein Verhalten zu ändern?
Bitte überlegen Sie sich *vorab* gut, was Sie
mit dieser Kritik *konkret* erreichen wollen.
Wählen Sie außerdem den richtigen Zeitpunkt und
achten Sie darauf, dass das Gespräch idealerweise
unter vier Augen stattfindet.

Bei vielen Vorgesetzten, so auch bei diesem Oberchef, ist es überhaupt fraglich, ob Kritik der eigenen Zielerreichung dienen würde. Ich fürchte, es hätte ihn eher dazu veranlasst, mir künftig noch öfter und vehementer zu beweisen, wer von uns beiden der Stärkere ist. Damit wären wir wieder bei den Größenverhältnissen aus Kapitel XII. angelangt.

Dennoch: Ich wollte das Ganze nicht einfach hinnehmen. Ich ahnte, dass es in der Zukunft ähnliche Situationen geben würde. Darauf wollte ich vorbereitet sein, um mir meinen roten Faden nicht erneut wegnehmen zu lassen. Ich wollte reagieren, ohne mich auf eine Diskussion einzulassen. Der Oberchef sollte merken, dass ich ihn gehört habe, dass ich darauf reagiere und mich dennoch nicht von meinem Weg abbringen lasse. Außerdem wollte ich ihm gerne auf elegante Weise den Wind aus den Segeln nehmen. Und ich wollte auch den Kollegen signalisieren, dass ich mich zu wehren weiß. Keine leichte Aufgabe. Also überlegte ich lange und fand schließlich ein Gegenmittel: die **„bewusst nonverbale Reaktion"**.

D. Wann wird die „bewusst nonverbale Reaktion" eingesetzt?

Immer dann,

- wenn wir unser Gegenüber nicht ignorieren wollen,
- wenn es uns wichtig ist, zu reagieren, ohne zu diskutieren,
- wenn wir die Beziehung gleich gut halten und
- den roten Faden umgehend gekonnt weiterverfolgen wollen.

E. Wie wird die „bewusst nonverbale Reaktion" am besten eingesetzt?

> Jetzt ist Ihre Vorstellungskraft gefragt, denn die „bewusst nonverbale Reaktion" kann man nicht so gut beschreiben. Man muss erleben, wie sie wirkt. Gehen Sie deshalb bitte zum nächsten Spiegel.

Wie kann man ohne Worte reagieren? Richtig, durch Blicke oder Gesten. Unbewusst reagieren wir laufend nonverbal. Wir erröten, wir runzeln die Stirn, wir bekommen große Augen oder wir zucken mit den Schultern. Es gibt jede Menge unbewusste Reaktionen – meine Idee war, solche Reaktionen ganz bewusst einzusetzen.

Für den Oberchef habe ich einen Blick eingeübt, als wäre er der Ritter auf dem weißen Pferd. Kennen Sie den Ritter auf dem weißen Pferd? Er rettet die Prinzessin aus dem Turm. Er ist also der absolute Superheld.

Oberchef und die Frauenbewegung, Teil 2
Als mein Oberchef das nächste Mal eine ähnliche Bemerkung vor versammelter Runde machte, habe ich ihn ganz bewusst so angesehen, als wäre er mein absoluter Superheld. Glauben Sie mir, jetzt war *er* völlig fassungslos. Wir haben uns angelächelt – und ich bin elegant auf meinem roten Faden weitermarschiert.

Psychologen nennen ein solches Vorgehen übrigens *paradoxe Intervention*. Wenn jemand einen anderen unterbricht und provoziert (wie der Oberchef in meinem Beispiel), dann erwartet er eine negative Reaktion: Stirnrunzeln, Verunsicherung oder Ärger. Wird er stattdessen wie ein Superheld angelächelt, ist er verwirrt. (Diese Verwirrung kann man gut dazu nutzen, den roten Faden wieder aufzunehmen.) Aber er ist nicht ungehalten, denn welcher Mann ist nicht gern ein Superheld?

Wir trainieren die verschiedenen Gesichtsausdrücke
Ist der Spiegel zur Stelle? Los geht's!
Zuerst üben wir das Lächeln für unseren absoluten Helden. Noch strahlender, bitte! Noch viel inniger! Ihr Gegenüber muss merken, dass dieses Lächeln eine Reaktion ist. Vielleicht legen Sie sich dabei die Hand aufs Herz. Wie sieht das aus? Passend? Oder übertrieben?
Sie brauchen noch ein wenig Übung? Bitte sehr! Es ist den Aufwand wert. Aus meiner langjährigen Erfahrung weiß ich, der „Ritter auf dem weißen Pferd"-Blick passt für fast jedes Gegenüber – vor allem, wenn Sie eine Frau sind und Ihr Gegenüber ein Mann.

Sie sind selbst ein Mann und wollen den anderen nicht anschauen wie den Superhelden? Oder Sie haben auch als Frau keine Lust dazu? Vielleicht lässt auch der Inhalt des Gesprächs oder die Wucht der Attacke diesen Blick nicht passend erscheinen? Dann suchen Sie sich einen anderen Blick aus. Die folgende Liste erhebt keinen Anspruch auf Vollständigkeit. Sie bietet aber einige gute Optionen.

- Der „strenge Scharfrichterblick". Sie tragen eine Brille? Dieser Blick funktioniert gut über die oberen Ränder.
- Sie sehen den anderen an, als käme er vom Mars. (Augen aufreißen, Mund öffnen – bitte im Spiegel kontrollieren, ob Sie nicht vielleicht zu unintelligent dabei aussehen.)
- Sie können die Augenbrauen heben. Wenn Sie das schaffen: Eine einzelne Augenbraue anzuheben wirkt besonders elegant.
- Sie können die Stirn runzeln oder
- beide Backen aufblasen oder
- das Gesicht schmerzverzerrt verziehen und die Luft durch die zusammengebissenen Zähne einsaugen. Schaffen Sie das? Dann sind Sie gerüstet für Ihre nächste Preisverhandlung. Wenn der andere sagt, das sei sein letztes Angebot, machen Sie dieses Gesicht, saugen hörbar die Luft ein und sagen kein Wort.

Honorar für eine Lesung

2010 habe ich die „DeLiA-Literaturtage" organisiert, bei denen der renommierte Preis „DeLiA" für den besten deutschsprachigen Liebesroman verliehen wird. Ich organisierte auch zahlreiche Lesungen. Für Lesungen geben Veranstalter in der Regel nicht gern Geld aus.

Ich verhandelte mit einer Buchhandlung. Über das „Ob" und das „Wann" waren wir uns rasch einig. Wir kamen zum Honorar.

„Mehr als 300,- Euro kann ich Ihnen nicht zahlen!", sagte der Buchhändler.
Hurra, das waren schon 300,- Euro mehr, als ich erhofft hatte! Welch toller Start in die Preisverhandlung. Dann habe die Zähne schmerverzerrt zusammengebissen und einen Ton durch die Backenzähne eingesaugt, der sich wie ein zischendes, langes „Sch" anhörte. „Das wird schwierig", fügte ich zur Sicherheit noch an.
Der Buchhändler verstand meinen Schmerz: „Na gut, 500,- Euro! Das ist aber mein letztes Wort!"

Ist das nicht toll? Ein passender Gesichtsausdruck und schon hatte ich 200,- Euro mehr. Wenn das keine Motivation ist, die „bewusst nonverbale" Reaktion zu üben!

Profitipp Nr. 56

Die Grundregeln der „bewusst nonverbalen Reaktion":
Üben Sie vor dem Spiegel (Auch hier gilt: Vorbereitung ist mehr als der halbe Erfolg!)
Sorgen Sie dafür, dass die „bewusst nonverbale Reaktion" – also das Gesicht, das Sie ziehen – auch als bewusste Reaktion auffällt. Der andere muss also merken, dass Sie reagieren, sonst verpufft die Wirkung.
Denken Sie nicht einmal daran, anschließend zu erklären, warum Sie Ihr Gegenüber so angesehen haben!
Sie können auch mit Gesten bewusst nonverbal reagieren – passen Sie jedoch auf, welche Finger Sie dabei einsetzen.
Verhandeln Sie nach der „bewusst eingesetzten nonverbalen" Reaktion umgehend am roten Faden weiter.

XVII.
Das Geheimnis der zwei Silben

Was „sagt" der Spiegel? Ist die „bewusst nonverbale Reaktion" ein passendes Tool für Ihren Verhandlungs-Werkzeugkoffer? Oder ist Ihnen ein Blick oder eine Geste als Reaktion zu wenig? Würden Sie lieber etwas *sagen*, jedoch ohne gleich in eine Diskussion einzusteigen? Dann kommen wir jetzt zu etwas Ähnlichem, in der Wirkung gleich wie die „bewusst nonverbale Reaktion", nur dass es dieses Mal auch etwas zu hören gibt. Hier lassen wir uns ebenfalls weder zu einer Rechtfertigung drängen noch holen wir zum schlagfertigen Gegenangriff aus. Wir reagieren rasch und bewusst und verhandeln dann sofort wieder am roten Faden weiter oder beenden die Unterhaltung.

Auf die Idee des „Geheimnisses der zwei Silben" hat mich ein bekannter österreichischer Politiker gebracht. Er verwendete zwar nur eine Silbe, doch da mir dies, wie Sie gleich erfahren werden, zu riskant erschien, war das „Geheimnis der zwei Silben" geboren.

Der Bundeskanzler und sein Minister

Es war vor vielen, vielen Jahren, da bekam Österreich einen neuen Bundeskanzler. Dies geschah nicht unmittelbar nach einer Wahl, sondern mitten in einer Legislaturperiode. In einer seiner ersten Amtshandlungen entließ er einen Minister. Das Fernsehen wartete vor der Bürotür des Kanzlers. „Herr Bundeskanzler", sagte der Reporter in vorwurfsvollem Tonfall, „Sie haben den Minister XY entlassen. Ihr Vorgänger hat gesagt, dieser Minister ist in seinem Ressort der beste Minister, den Österreich je hatte!"

Der Bundeskanzler schaute ernst, nickte und sagte schließlich bedeutungsschwer: „Ja!"

Ich sehe den Reporter noch vor mir. Er hatte mit Widerspruch gerechnet oder mit einer Rechtfertigung. Durch das schlichte „Ja!" war ihm jeder Wind aus den Segeln genommen. Er starrte ratlos in die Kamera. Bis er sich wieder gefangen hatte, war der Bundeskanzler längst an ihm vorbeigegangen. Alles, was ihm übrig blieb, um das Live-Interview halbwegs stilvoll zu beenden, war ein rasches: „Und zurück ins Studio!"

Genial, nicht wahr? Der Bundeskanzler hat sich weder verteidigt noch hat er gesagt „Ich entlasse, wen ich will" oder „Mein Vorgänger hat sich geirrt" oder „Der Minister ist untragbar, weil …" All das hätte weder seinem Ziel gedient, in der Öffentlichkeit nur die Botschaften kundzutun, die ihm wirklich wichtig waren, noch die Beziehung zum Reporter (und Hunderttausenden Fernsehzuschauern!) verbessert.

Er hat mit einem schlichten „Ja!" die unwillkommene Diskussion im Keim erstickt. Weil sie mir so gut gefiel, habe ich diese Taktik übernommen, als ich eine junge Mutter war.

Profitipp Nr. 57
„Don't adopt, adapt!"
Wie lernen Kinder am leichtesten, liebsten und schnellsten? Richtig, durch Vorbilder. Bleiben wir doch – zumindest in diesem Zusammenhang – ein Leben lang ein Kind! Jemand verhandelt gut? Jemand imponiert Ihnen durch schlüssige Argumentation? Jemand überzeugt Sie, obwohl Sie „eigentlich" gar nicht vorgehabt haben, zuzustimmen? Fragen Sie sich: Wie hat er das gemacht? Kann ich das auch? Halten Sie es aber mit dem amerikanischen Sprichwort „Don't adopt, adapt!" – also nichts einfach nachmachen, sondern so adaptieren, dass es zu Ihnen und Ihren Zielen passt.

Frau Rauchberger an alle berufstätigen Mütter
Viele von Ihnen haben es selbst erlebt, erleben es gerade oder werden es noch erleben: Wenn man eine Frau ist, Kind(er) hat und vielleicht sogar Karriere machen möchte, dann gibt es – freundlich ausgedrückt – viele Personen, die glauben, bei der Lebensplanung ein Wörtchen mitreden zu müssen. Unfreundlich formuliert: viele Leute, die sich ungefragt in Dinge einmischen, die sie nichts angehen. Ich habe immer wieder den Satz gehört: „Eine Mutter gehört nach Hause zu ihren Kindern!"
Wenn das mein Mann gesagt hätte, hätte ich natürlich diskutiert, mit meiner Mutter und meinen Freundinnen selbstverständlich auch. Doch von dieser Seite hörte ich den Satz nie.

Bei mir waren es ganz andere Personen. An zwei erinnere ich mich noch genau: ein Mieter im Bürogebäude und der Aushilfsbriefträger.

Was meinen Sie? Hätte ich mich vor diesen Männern rechtfertigen müssen? Hätte ich den beiden erklären sollen, dass mir meine Kinder leid täten, wenn ihre Schulaufgaben meine größte geistige Herausforderung wären? Dass wir die gemeinsame Zeit sehr gut nutzen, dass sie gut betreut werden?

Hätte das zu einem Ergebnis geführt, mit dem der Aushilfsbriefträger und ich gleichermaßen zufrieden gewesen wären? Hätte das unsere Beziehung verbessert? Und schließlich: Hätte es mich gefreut, so eine Unterhaltung zu führen? Drei Mal: Nein!

Also habe ich es gemacht wie der Bundeskanzler. Ich habe ernst genickt, „Ja" gesagt und bin meines Weges gegangen.

Sie haben Bedenken, gegen das Wort „Ja"? Die haben Sie völlig zu Recht. Ich rate Ihnen natürlich nicht, auf alles, was man zu Ihnen sagt, mit „Ja" zu antworten!

Suchen Sie sich stattdessen zwei Silben: „Aha!", „So so!", „Ach was!", „Sieh an!", „Potz Blitz!" oder „Ich weiß!" Wirkungsvoll ist auch, den Namen Ihres Gegenübers auszusprechen: „Herr Meier!" oder „Marianne!" Wenn Sie dazu noch das passende Gesicht aufsetzen – perfekt! Natürlich sind auch drei Silben möglich, wie „Na so was!", „Sieh mal an!", „Da schau her!" oder mein Lieblingswort „Sapperlot!".

Ich finde, „Sapperlot!" passt immer und überall und ich tue ein gutes Werk, weil ich mithelfe, ein altes Wort vor dem Aussterben zu bewahren.

Schwiegermutter am Sonntag
Bettina lädt jeden Sonntag ihre Schwiegermutter zum Essen ein. Warum sie das tut, weiß ich nicht, doch sie wird ihre Gründe dafür haben. Die Tatsache an sich muss ja nicht furchtbar sein. Bei Bettina war es furchtbar, denn jeden Sonntag gab es denselben Streit. Als Vegetarierin kochte sie Gemüse-, Getreide- und Tofugerichte. Jeden Sonntag protestiert die Schwiegermutter lautstark: „Am Tag des Herrn gehört in einem katholischen Haushalt Fleisch auf den Tisch!"
Bettina brachte Geduld auf und erklärte, warum sie nichts kocht, was Augen hat, und dass ihre Kinder ohne tierische Fette und ungesunde Säuren aufwachsen sollen.

Besteht bei diesem Gespräch, das die beiden Frauen *jeden* Sonntag führen, die Chance, dass sie sich einigen? Verbessert dieses Gespräch die Beziehung zueinander?
Ich habe Bettina geraten, sich zwei Silben auszusuchen, mit denen sie ihrer Schwiegermutter antworten wollte. Sie hatte ein schlechtes Gewissen: „Das ist doch unhöflich! Ich muss ihr doch *erklären*, warum wir keine Tiere essen!" „Haben Sie es ihr bereits erklärt?" „Natürlich. Seit vier Jahren, jeden Sonntag!" „Dann weiß sie es bereits!" Diesem logischen Schluss konnte Bettina nichts entgegensetzen. Sie hat sich also zwei Silben ausgesucht, welche, weiß ich nicht. Nach einigen Wochen kam eine E-Mail mit dem Wort „DANKE!!!", rot geschrieben und fett gedruckt: „Danke, Frau Rauchberger, das Verhältnis zu meiner Schwiegermutter wird immer besser!"

Profitipp Nr. 58
Das „Geheimnis der zwei Silben" ist ein perfektes Mittel, um allen Diskussionen, die Sie nicht führen wollen und

auch nicht führen müssen, auszuweichen. Sie sparen es sich (in den meisten Fällen), sich weiter auf ein Gespräch einlassen zu müssen, *ohne* dass dadurch die Beziehung zu Ihrem Gesprächspartner leidet.

Sie hätten an Bettinas Stelle anders reagiert und die Schwiegermutter ausdrücklich darum gebeten, in Zukunft eine Diskussion über die Speisenauswahl zu unterlassen? Sie hätten dazu gern ein Modell, dass die Beziehung so wenig wie möglich belastet und doch klarstellt, was Ihnen wichtig ist? Darüber hinaus: Natürlich passen die „bewusst nonverbale Reaktion" und das „Geheimnis der zwei Silben" nicht zu allen Gesprächssituationen. Manchmal reichen sie auch nicht aus, um eine weitere Diskussion zu vermeiden. Für diese Fälle benötigen wir eine noch griffigere rhetorische „Wunderwaffe". Kommen wir also zur bereits angekündigten:

Diese Regel ist eines meiner absoluten Lieblingstools, das ich im Laufe der Jahre entwickelt habe, um auch in den schwierigsten Situationen elegant zum roten Faden zurückzukehren und mich meinem Ziel damit anzunähern. Diese Regel kommt immer zum Einsatz:

- wenn wir uns bisher gewünscht hätten, doch etwas schlagfertiger zu sein.
- wenn wir uns nicht alles gefallen lassen wollen, was jemand zu uns sagt.
- wenn jemand vom Thema und damit vom roten Faden abweicht.
- wenn wir das Thema wechseln möchten.

- wenn der andere redet und redet und wir fürchten, gar nicht mehr zu Wort zu kommen.
- bei allen Arten von Killersätzen, Attacken und dummem Gerede, wenn die „bewusst nonverbale Reaktion" und das „Geheimnis der zwei Silben" nicht ausreichen.
- wenn wir einem Gespräch oder einer Verhandlung eine andere Richtung geben wollen.

Profitipp Nr. 59
Die Bestandteile der „3 R Regel"
1. R: Reagieren
2. R: Richtung ändern
3. R: Reden in Richtung Ziel (entlang des roten Fadens)

Wenn wir möglichst schnell und einfach zum roten Faden zurückkehren wollen, müssen wir zuerst einen solchen roten Faden in unserem Gespräch haben. Wie Sie längst wissen, haben wir nur dann einen roten Faden, wenn wir unser Ziel (und möglichst auch Alternativen dazu) kennen und uns stets vor Augen halten.

A. Wie wendet man die „3 R Regel" am besten an?
Jemand konfrontiert Sie mit einem Killersatz? Atmen Sie zuerst einmal tief durch. Lassen Sie sich ruhig Zeit, Sie brauchen bekanntlich nicht sofort „zurückzuschießen". Überlegen Sie sich lieber alle drei Rs, *bevor* Sie antworten, und ziehen Sie sie dann in einem durch. Lassen Sie sich überraschen: Die Wirkung der „3 R Regel" ist tatsächlich faszinierend. Viele von Ihnen haben diese Regel in Situationen, in denen sie selbstbewusst waren, schon *unbewusst* angewendet. Mit einiger Übung steht sie Ihnen nun in schwierigen Situationen ganz *bewusst* zur Verfügung.

XVIII. DIE „3 R REGEL"

1. Reagieren

Wir haben bereits besprochen, dass und warum eine Reaktion wichtig ist. Sie können dabei bewusst nonverbal reagieren oder mit zwei Silben. Sehr gut ist es auch, mit *einem Satz* zu reagieren.

Dieser Satz kann, je nach Bedarf, alles sein: von völliger Zustimmung bis hin zu glatter Ablehnung. Es kann etwas Scherzhaftes sein oder Sie können mit diesem Satz auch einen scharfen Tonfall anschlagen.

Die Reaktion bei der „3 R Regel" ist kurz und bündig. In der Regel reicht ein Satz. Manchmal können es natürlich auch zwei Sätze sein. Auf Killersätze antwortet man besser nicht mit einer Frage.

Profitipp Nr. 60

Auch bei scharfen Reaktionen gilt: kurz und knackig. Bitte lassen Sie keinen *„Luftballon an Empörung"* aufsteigen.

A. WANN UND WARUM STELLT MAN BEI EINEM KILLERSATZ BESSER KEINE FRAGE?

Sie dürfen selbstverständlich eine Frage stellen, wenn Ihnen jemand einen Killersatz entgegengeschleudert hat. Tun Sie dies jedoch – in Ihrem eigenen Interesse – bitte nur dann, wenn Sie die Antwort tatsächlich interessiert beziehungsweise interessieren müsste.

Beispiel: Idiot

Jemand sagt zu Ihnen: „Sie sind ein Idiot!"

Ich nehme an, das kommt nicht allzu häufig vor, entspricht nicht den Tatsachen und ist daher ein Killersatz.

Überlegen Sie sich bitte gut, ob Sie tatsächlich mit der Frage „Wie kommen Sie denn darauf?" reagieren wollen.

Jede Frage birgt ein Risiko, nämlich das Risiko, dass Sie eine Antwort bekommen, die Sie nicht hören wollen. Mit der Frage „Wie kommen Sie denn darauf?" öffnen Sie dem anderen Tür und Tor. Er hat nun die Möglichkeit, Ihnen Antworten zu geben, die für Sie nicht nur nicht angenehm sind, sondern die Sie auch nicht im Geringsten Ihrem Ziel näher bringen.

Profitipp Nr. 61

Frau Rauchbergers *Grundregel Nr. 1* des richtigen *Fragestellens:* Stellen Sie nur Fragen, wenn Sie die Antwort interessiert oder zumindest interessieren müsste, weil es entweder sachlich notwendig ist und/oder die Beziehung verbessert.

B. WANN KANN MAN BEI EINEM KILLERSATZ DURCHAUS EINE FRAGE STELLEN?

Sollte Sie jemand derart angreifen und sollten Sie *tatsächlich* wissen wollen, wie er auf die Idee kommt, Sie einen Idioten zu nennen, dann können Sie – statt mit der „3 R Regel" sofort zum roten Faden zurückzukehren – nachfragen: „Was meinen Sie damit *konkret*?" oder „Was *genau* veranlasst Sie, mich einen Idioten zu nennen?"

Profitipp Nr. 62

Die Wörter „genau" und „konkret" in Ihrer Fragestellung erhöhen die Chancen, dass der andere auf den Punkt kommt. Sie gehören daher zu den Zauberwörtern.

Ob Sie sich entscheiden, bei Angriffen und Killersätzen lieber eine Frage zu stellen oder mit der „3 R Regel" direkt zum roten Faden zurückzukehren, hängt auch vom *Zusammenhang* ab, in dem die Attacke oder der Killersatz auftritt, und *wer* sie gestartet beziehungsweise ihn ausgesprochen hat.

Eine Besonderheit ist die *„In die Schranken weisen"-Frage*. Wenn Sie damit rechnen, dass der andere einen Rückzieher machen wird, dann sind die mit scharfem Ton vorgebrachten Fragen „Was genau wollen Sie damit sagen?", „Was genau soll das heißen?" oder auch „Sie sagen, ich sei ein Idiot?" geeignete Möglichkeiten, den anderen in die Schranken zu weisen. Auf seinem Gestammel, dass er das *so* nicht gemeint habe, kann man die „3 R Regel" wunderbar aufbauen.

C. DIE ÜBERPRÜFUNG DES ZUSAMMENHANGS
Sie erinnern sich noch an den Killersatz aus dem Schlagfertigkeitsbuch „Sie haben ja ein Spatzenhirn!" aus Kapitel X.? Sehen wir uns dieses Beispiel auf dem roten Faden an:

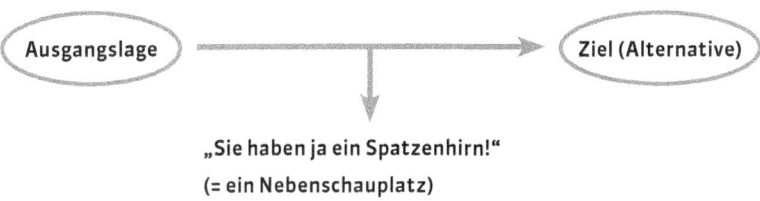

Natürlich macht es auch hier einen großen Unterschied, *wer* diesen Satz sagt und in welchem *Zusammenhang* er fällt.
Wenn Sie zum Chef gerufen werden und er sagt: „Sie haben ja ein Spatzenhirn!", dann wird es Sie höchstwahrscheinlich *interessieren*, wie er zu dieser Aussage kommt. Daher werden Sie nachfragen: „Was konkret veranlasst Sie zu dieser Aussage?"
Wenn Ihre Partnerin Sie am Abend mit diesem Satz empfängt (und das bei Ihnen kein „liebgewonnenes" Ritual ist), dann werden Sie auch nachfragen: „Was ist denn los, Schatz?"
Wenn hingegen ein Kollege Ihre Kompetenz in Zweifel ziehen will, um Sie kleinzukriegen, oder wenn ein Kunde Sie damit zu besseren Konditionen bewegen will, würde ich an Ihrer Stelle auf eine Frage verzichten. Dann passt die „3 R Regel" perfekt.

Sie werden bald merken, dass es die unterschiedlichsten Möglichkeiten gibt, zu reagieren – auch hier führen (wie beim Verhandeln überhaupt) viele Wege nach Rom. Es gibt einfache und elegante Formen der Reaktion. Je öfter Sie die „3 R Regel" anwenden, desto eleganter werden Ihre Reaktionen. Beginnen wir gleich mit der ersten Übung dazu und verwenden wir dazu den schon bekannten Killersatz.

Ihre Reaktion ist gefragt
Jemand sagt: „Sie haben ja ein Spatzenhirn!"
Welche Reaktionen könnten Sie sich vorstellen? Lassen Sie sich ruhig Zeit. Überdenken Sie die Zusammenhänge und die verschiedenen Möglichkeiten. Nicht vergessen: Eine Reaktion sollte kurz sein. In der Regel reicht ein Satz aus.

Ist es Ihnen schwer- oder leichtgefallen? Sie werden sehen, mit etwas Übung wird das Reagieren leichter. Bevor wir üben, möchte ich Ihnen alle drei Rs der „3 R Regel" schematisch darstellen. So können Sie sich am besten ein Bild davon machen.

Das 1. R = Die Reaktion

Am roten Faden:

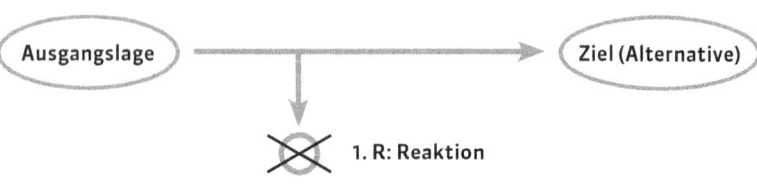

Durch die Reaktion ist, von unserer Seite, der Killersatz ein für alle Mal vom Tisch und wir erwähnen ihn nicht wieder. Wir können es natürlich nicht verhindern, dass unser Gegenüber ihn vielleicht noch einmal wiederholt. Wenn wir jedoch sofort die beiden anderen Rs der „3 R Regel" folgen lassen, ist die Gefahr, dass er es tut, deutlich geringer.

2. Die Richtungsänderung

Das 2. R = Richtung ändern

Am roten Faden:

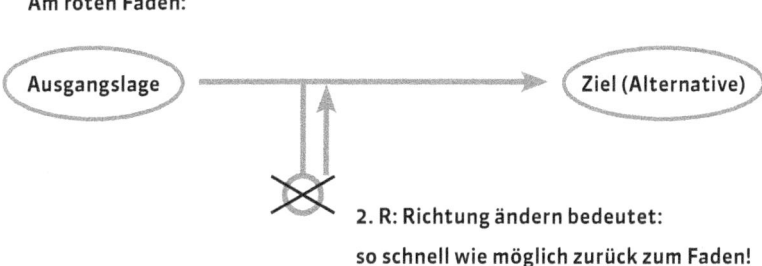

2. R: Richtung ändern bedeutet:
so schnell wie möglich zurück zum Faden!

Nicht vergessen: Auch die Richtungsänderung geschieht kurz und bündig mittels eines Satzes. Stellen Sie, wenn Sie die Richtung ändern wollen, *keine Frage*.

> *Was ist der Unterschied zwischen diesen beiden Varianten der Richtungsänderung?*
> *„Kommen wir bitte zurück zum Thema!"*
> *„Können wir bitte zum Thema zurückkommen?"*

Richtig! Bei der ersten Variante kann ich sofort das dritte R anschließen und zum Ziel weitersprechen. Das kann ich bei der zweiten Variante nur, wenn ich die Frage rhetorisch gemeint habe und nicht auf eine Antwort warte. Warte ich auf eine Antwort, dann bin ich davon abhängig, ob mir mein Gegenüber „gnädig gestattet", weiterzusprechen. Warum geben wir dem anderen so viel Macht? Das ist nicht höflich, das ist unklug. Denn es gilt der Grundsatz:

Profitipp Nr. 63

Je schneller wir uns wieder auf dem roten Faden befinden und in Richtung Ziel weiterverhandeln, desto besser.

3. Reden in Richtung Ziel

Das 3. R = Reden in Richtung Ziel:
Sie verhandeln am roten Faden weiter. Das können so viele Sätze sein, wie Sie für richtig halten. Sehr gut ist auch, dem anderen eine Frage zu stellen, die in Richtung Ziel führt.

Am roten Faden:

3. Reden zum Ziel: so viele Sätze wie
passend / eine Frage in Richtung Ziel

Wenn uns jemand angreift und wir nur reagieren und dann schweigen (und den anderen vielleicht auch noch erwartungsvoll anschauen), ist die Gefahr groß, dass der Angriff fortgesetzt wird.

> **Beispiel: „3 R Regel" anhand des „Spatzenhirns"**
> Er: „Sie haben ja ein Spatzenhirn!"
> Sie reagieren: „Das ist nicht richtig!"
> Er: „Ja, aber natürlich ist das richtig! Das habe ich bereits
> letzten Sommer gemerkt ... "

Daher ist es wichtig, dass nach dem ersten R umgehend das zweite
R folgt.

> Sie werden daher nach der Reaktion „Das ist nicht richtig"
> umgehend die Richtungsänderung anfügen: „Das beweise
> ich Ihnen sofort anhand dieses Angebots."

Doch auch jetzt sollten Sie nicht stehen bleiben. Setzen Sie Ihren
Weg in Richtung Ziel fort. Kündigen Sie mit dem zweiten R nicht
nur an, was Sie tun *wollen*, sondern *tun* Sie es auch. Und zwar mit
dem dritten R:

> Sie: „Das ist nicht richtig. Das beweise ich Ihnen sofort an
> Hand dieses Angebots. Hier haben wir für Sie folgende Mög-
> lichkeiten: Erstens die Variante A. Diese hat für Sie* folgende
> Vorteile ..."

* Der Ausdruck „für Sie" gehört übrigens zu den Zauberworten und ist hier sehr
klug gewählt.

Jetzt haben Sie den anderen auf dem roten Faden mitgenommen
und die Gefahr, dass er zum Killersatz zurückkehrt, ist sehr gering.

Profitipp Nr. 64
Nicht vergessen: Mit der Reaktion ist der Killersatz
von unserer Seite aus ein für alle Mal vom Tisch.

Begehen Sie bitte nicht den Fehler, selbst zum Killersatz zurückzukehren, *nachdem* Sie endlich wieder den roten Faden erreicht
haben. Sätze wie: „Habe ich nicht recht? Nachdem Sie jetzt mein
Angebot gesehen haben, haben Sie auch erkannt, dass ich kein
Spatzenhirn habe!", sind tabu. Damit bringen Sie nämlich das Spatzenhirn wieder ins Spiel und der andere braucht nur zuzugreifen.

Profitipp Nr. 65
Mit der „3 R Regel" schlagen wir also rasch und elegant
den Haken zurück zum roten Faden und nehmen
unser Gegenüber mit in die richtige Richtung, nämlich
zu unserem Ziel.

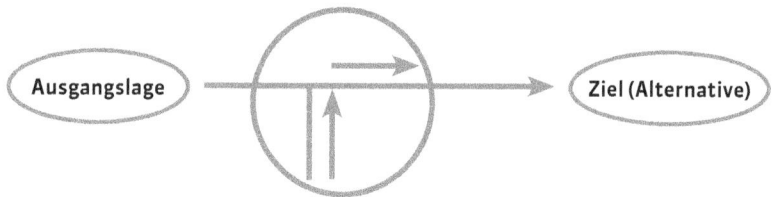

Klingt kompliziert? Ist es aber nicht.
Es ist, wie vieles im Leben, Übungssache. Und darum starten wir
auch gleich mit dem Üben. Sicher bringen Sie mehr Motivation
dafür auf, wenn Sie wissen, dass Sie in Zukunft nie mehr krampf-
haft schlagfertig sein müssen. Vielmehr steht Ihnen ein einfaches,
vielfach bewährtes Tool zur Verfügung, mit dem Sie auch in den
schwierigsten Situationen elegant und mit klarem Kopf weiter in
Richtung Ziel verhandeln können.

Am Ende der Übung werden Sie erkannt haben, dass es auch Sätze gibt, die als Reaktion oder für die Richtungsänderung so gut wie immer passen. Solche Sätze sind zwar nicht besonders originell – aber das müssen sie ja bekanntlich auch nicht sein. Hier noch einmal zusammengefasst eine

B. Gebrauchsanweisung für die „3 R Regel"

Sie hören einen Killersatz? Atmen Sie zuerst durch und denken Sie nach: „Was ist mein Ziel?" Das ist viel sinnvoller, als gleich „zurückzuschießen"!
Wenn Sie Ihr Ziel kennen, wissen Sie auch, wie Sie am besten mit der „3 R Regel" Ihren Haken schlagen, um zum roten Faden zurückzugelangen.
Befolgen Sie immer diese Reihenfolge:
Reagieren, Richtung ändern, zum Ziel reden.
Vergessen Sie keines der drei R und bleiben Sie nach dem „Reagieren" oder dem „Richtung ändern" nicht stehen.
Sie bieten sonst Ihrem Gegenüber die Möglichkeit, das Gespräch wieder in seine Richtung zu lenken. Setzen Sie unbedingt mit dem Reden oder Fragen zum Ziel fort.
Mit dem dritten R nehmen Sie den anderen mit zu Ihrem Ziel. Wenn Sie sich beim „Reagieren" und „Richtung ändern" kurz fassen, wird Ihnen dies gelingen.
Erwähnen Sie selbst den Killersatz nie wieder.
(Oder griffiger ausgedrückt: Legen Sie das „Spatzenhirn" nicht selbst wieder auf den Tisch.)

C. Der beliebte Vorgänger

Zuerst müssen wir ein gemeinsames *Übungsziel* festlegen. Wie wir gesehen haben, funktioniert die „3 R Regel" nur dann, wenn wir ein Ziel vor Augen haben, denn ohne Ziel haben wir auch keinen roten

Faden. Wenn Sie sich ans Üben der „3 R Regel" machen, dann wählen Sie am besten ein Ziel, das für Ihre Arbeit typisch ist.

Ich nehme als Übungsziel ein plastisches Beispiel: Wir verkaufen Badewannen. Das ist ein Produkt, das zwar die meisten von uns *nicht* verkaufen, dennoch kennen wir uns damit einigermaßen aus.

> **Stellen Sie sich vor, Sie sprechen mit einem Kunden, der bisher von Ihrem Kollege betreut wurde, und plötzlich sagt dieser: „Mit Ihrem Vorgänger konnte man viel besser reden als mit Ihnen." Wie würden Sie:**

Reagieren:

_____

_____

Richtung ändern:

_____

_____

Reden zum Ziel:

_____

_____

1. Die gute Variante

Vielleicht lautet Ihre Ausgestaltung der „3 R Regel" in etwa so:

> **Variante 1**
> Reagieren: „Kollege Meier ist aber jetzt nicht da."
> Richtung ändern: „Heute müssen Sie mit mir vorlieb nehmen."
> Reden zum Ziel: „Dieses Modell hat den Vorteil, dass ..."

War es bei Ihnen ähnlich? Haben Sie zuerst durchgeatmet und nachgedacht? Dann war dieser Versuch für den Anfang schon recht gut! Sie haben sich die Kriterien für gutes Verhandeln vor Augen gehalten, sind schnell zum roten Faden zurückgekehrt und haben bereits einen weiteren Schritt in Richtung Ziel unternommen. Der Killersatz ist damit vom Tisch! Prima!

Mit etwas Übung werden Sie vielleicht noch eine *elegantere Variante* finden.

Profitipp Nr. 66

Überlegen Sie bei Killersätzen, bevor Sie reagieren,
ob sie nicht ein Kompliment beinhalten.

So unwahrscheinlich das klingt, so oft ist es der Fall. Wo liegt das Kompliment, wenn jemand sagt, dass er mit Ihrem Vorgänger besser reden konnte? Darin, dass er überhaupt mit einem Mitarbeiter Ihres Unternehmens gut reden konnte. Das ist ein Kompliment an Ihre Firma, das Sie in der Reaktion gut aufgreifen können. Beim „Richtung ändern" flechten Sie dann am besten ein „Zauberwort" ein, bevor Sie am roten Faden in Richtung Ziel marschieren. Und noch etwas:

Profitipp Nr. 67

Machen Sie sich bitte nicht selbst unnötig klein.
Kein Mensch muss mit Ihnen „vorlieb" nehmen.
Vielmehr besteht die Chance, jetzt mit Ihnen zu sprechen.

2. Die bessere Variante

> **Variante 2 ist besser und eleganter als Variante 1**
> Reaktion: „Es freut mich, dass Sie mit meinem Vorgänger gut reden konnten."
> Richtung ändern: „Ich bin sicher, dass wir beide* auch so eine gute Gesprächsbasis aufbauen werden."
> Reden zum Ziel: „Und darum frage ich Sie gleich: Was ist Ihnen bei Badewannen besonders wichtig?"

* Haben Sie das Zauberwort entdeckt?

Wenn Sie sichergehen wollen, dass Sie den anderen mit dem dritten R auch wirklich auf den roten Faden „mitgenommen" haben, ist es eine gute Idee, eine Frage in Richtung Ziel zu stellen.
Schon folgt das nächste Beispiel:

D. Vater und Sohn

> **Vater (55) und Sohn (23)**
> Vater und Sohn leiten gemeinsam das Unternehmen, das der Vater aufgebaut hat. Der Sohn stellt ein Projekt vor, das er in Angriff nehmen will.
> Vater: „Als ich so alt war wie du, da hatte ich auch noch so Flausen im Kopf!"

1. Vermeiden Sie bitte folgende Fehler
A. GEGENATTACKE ODER ETWAS SCHLAGFERTIGES

> Vater: „Als ich so alt war wie du, da hatte ich auch noch so Flausen im Kopf!"

162

Sohn: „Ich kann auch nichts dafür, dass du schon so alt bist!"
oder „Dir fehlen eben Visionen! Wann gehst du endlich in
Pension?"

Das mag sich für den Sohn zwar im Augenblick befreiend anfühlen,
eröffnet aber einen Schlagabtausch und Machtkampf. Ein Machtkampf führt nicht zu einer Win-win-Situation, sondern dazu, dass
es einen Sieger und einen Verlierer gibt. Wozu soll das gut sein?
Besonders in diesem speziellen Verhältnis, in dem die beiden Gesprächspartner stehen, wäre der Sohn dumm, einen Machtkampf
ohne Notwendigkeit zu eröffnen. In solchen Fällen greift meine
Hirsch-im-Revier-Theorie. Der alte Hirsch hat das Reich alleine re-
giert. Kein anderes Tier machte ihm seine führende Rolle streitig.
Nun kommt der junge Hirsch. Sein Geweih ist schon fast so groß
wie das des Alten. Nicht mehr lange, und der Junge wird stärker sein
als er. Dabei fühlt er sich doch selbst noch jung und dynamisch. Na,
er wird sich zu wehren wissen und den Jungen von der Futterkrippe
fernhalten, solange er dazu imstande ist.

Profitipp Nr. 68

Lassen Sie den alten Hirschen alleine röhren. Vergeuden
Sie keine Zeit und Energie damit, ihm zu beweisen,
dass sein Geweih gar nicht (mehr) so groß und mächtig ist,
wie er glaubt (oder uns glauben lassen will).
Im Gegenteil: Würdigen Sie seine Erfahrung und dann
konzentrieren Sie sich wieder auf Ihr Ziel.

Klingt einleuchtend, nicht wahr? Fordern Sie den alten Hirschen daher besser nicht heraus. Reagieren Sie auf einen Angriff nicht mit
einem Gegenangriff. Die Gegenseite wird sich verteidigen und/oder
zum Gegenschlag ausholen. Der Reigen an Nebenschauplätzen, die

vom roten Faden wegführen, ist eröffnet und das Ziel rückt in weite Ferne. Außerdem trägt ein Angriff nie zur Verbesserung der Beziehung bei.

Überlegen Sie sich lieber ganz genau, was Ihre Interessen sind, und formulieren Sie vorab Ihre Ziele. Machen Sie sich aber auch Gedanken über die Interessen der Gegenseite und argumentieren Sie in Richtung dieser Interessen. Was es mit den Interessen genau auf sich hat, erfahren wir in Kürze in Kapitel XX.

Interessen „alter Hirsche" können sein: gefragt werden oder mitreden wollen, Ruhe haben wollen, Anerkennung bekommen wollen, die Erfahrung gewürdigt wissen wollen, das Lebenswerk bewahren oder vermehren wollen, den Rahmen abstecken oder in alle Details involviert sein wollen, die Kontrolle behalten oder bloß informiert sein wollen, Geld verdienen und kein Geld verlieren wollen ... Sie merken schon, dass viele verschiedene Interessen im Spiel sein können. Und nicht jeder „alte Hirsch" hat dieselben Interessen.

B. NACH DEM ERSTEN R (REAGIEREN) STEHENBLEIBEN

> Vater: „Als ich so alt war wie du, da hatte ich auch noch so Flausen im Kopf!"
> Sohn: „Kannst du mich bitte endlich ernst nehmen?" – Trotziger Blick.
> Vater: „Du machst es mir schwer! Wenn ich nur höre, dass du ..."

Wenn der Sohn nach dem Reagieren stehenbleibt und den anderen erwartungsvoll anschaut, dann schafft er nicht die Kurve zum roten Faden zurück. Außerdem ist eine Frage hier sicher nicht das beste Mittel dazu.

C. NACH DEM ZWEITEN R (RICHTUNG ÄNDERN) STEHENBLEIBEN

> Vater: „Als ich so alt war wie du, da hatte ich auch noch so
> Flausen im Kopf!"
> Sohn: „Das sind keine Flausen, Vater. Ich habe einen konkre-
> ten Plan. Den würde ich dir gerne vorstellen." – Erwartungs-
> voller Blick.
> Vater: „Ich kann mir nicht vorstellen, dass jetzt etwas Ge-
> scheites kommt! Wir sollten stattdessen ..."

Kündigen Sie nicht nur an, was Sie gerne tun würden – *tun* Sie es!
Also: Sofort das dritte R anhängen! Der nächste Fehler ist damit
vergleichbar.

D. BEI DER RICHTUNGSÄNDERUNG UM ERLAUBNIS FRAGEN, SPRECHEN ZU DÜRFEN

> Vater: „Als ich so alt war wie du, da hatte ich auch noch so
> Flausen im Kopf!"
> Sohn: „Ich habe keine Flausen, sondern einen konkreten
> Plan. Wärst du jetzt so freundlich, ihn dir anzuhören?"
> Vater: „Ich erinnere mich noch gut, als ich etwa in deinem
> Alter war, da ..."

Erinnern Sie sich bitte an die unterschiedlichen Größenverhältnisse
aus Kapitel XII. Der „alte Hirsch" hat aufgrund seines Alters und
seiner Stellung als Vater und Firmenchef ohnehin schon eine be-
sondere Stellung inne. Begegnen Sie ihm daher bitte mit Respekt,
aber auf gleicher Augenhöhe. Machen Sie ihn nicht noch mächtiger,
als er ohnehin schon ist. Sie haben einen Mund, Sie haben etwas

zu sagen, also: Sprechen Sie! Die Richtungsänderung sollte daher nicht mit einer Frage versucht werden. Sagen Sie statt „Darf ich ihn dir vorstellen?" einfach: „Ich stelle ihn dir jetzt vor. Hier ist Punkt 1 ..." Derselbe Inhalt, dieselbe Höflichkeit, eine ganz andere Wirkung!

E. WIEDERHOLEN DES KILLERSATZES

> Vater: „Als ich so alt war wie du, da hatte ich auch noch so Flausen im Kopf!"
> Sohn: „Ich habe einen konkreten Plan. Den werde ich dir jetzt erklären und dann wirst du sehen, dass das keine Flausen sind ..."
> Vater: „Natürlich sind das Flausen! Das merkt man doch schon allein daran ..."

Erinnern Sie sich? Wir hatten uns darauf geeinigt, dass wir „das Spatzenhirn" nie wieder auf den Tisch legen. Das gilt auch für die „Flausen". Wenn wir selbst den Killersatz wiederholen, dann bieten wir unserem Gegenüber die beste Gelegenheit, hier noch einmal nachzuhaken.

Wir können es unserem Gegenüber nicht verbieten, seinen Killersatz zu wiederholen. Wir können es ihm aber dadurch erschweren, dass wir diesen nicht *selbst* noch einmal wiederholen und indem wir die „3 R Regel" durchziehen. Je schneller wir auf dem roten Faden weiterverhandeln, desto seltener werden Killersätze vom anderen wiederholt.

Wenn er dennoch den Killersatz wiederholt – kommt es zur nächsten Anwendung der „3 R Regel" durch uns.

2. Wie die „3 R Regel" richtig angewendet wird

Vater: „Als ich so alt war wie du, da hatte ich auch noch so Flausen im Kopf!"
Sohn: „Vater (Zauberwort, denn es ist gut, das Gegenüber mit Namen anzusprechen), bitte höre mir zu (Respekt). Du wirst merken, dass ich einen konkreten Plan ausgearbeitet habe (erstes R). Schauen wir uns gemeinsam diese Tabelle an (zweites R): Wir haben derzeit einen Umsatz von ... (drittes R)."

Der Sohn hat sich weder dafür verteidigt, dass er jünger ist, noch hat er den Vater dafür angegriffen, dass dieser älter ist. Er hat das Wort „Flausen" nicht unwidersprochen hingenommen, deswegen aber keinen „Luftballon an Empörung" aufsteigen lassen. Der Vorwurf, er habe Flausen im Kopf, wurde vom Sohn nicht zum Thema der weiteren Diskussion gemacht. Und er hat die Kurve zum roten Faden elegant geschafft – mit dem Wort „Umsatz" hat er die Aufmerksamkeit des Vaters geweckt und ist einen Schritt in Richtung Ziel weitergekommen.

E. Bereit für die Übung?

Seien Sie am Anfang nicht zu streng mit sich. Übung macht den Meister! Je mehr Sie üben, desto schneller haben Sie den Mechanismus verinnerlicht. Wichtig: Bitte nicht schummeln! Zuerst selbst ausprobieren – erst dann im Buch nach den Lösungen suchen. Ich habe sie deshalb extra gut versteckt!

XIX.
Das fröhliche Üben der „3 R Regel"

Nun sind Sie an der Reihe. Bitte nehmen Sie sich ausreichend Zeit und überlegen Sie, wie Sie am besten den Haken zurück zum roten Faden schlagen können.

> 1. Stellen Sie sich vor, Sie möchten einer Neukundin eine Badewanne verkaufen, und sie sagt: „Ihre Firma ist zu teuer."

Reagieren:

_____

Richtung ändern:

_____

Reden zum Ziel:

_____

> 2. Sie nennen einem wichtigen Kunden, der eine Badewanne
> kaufen will, nach längerem Verhandeln den bestmöglichen
> Preis und er sagt: „Sie enttäuschen mich schon sehr!"

Reagieren:

_____

Richtung ändern:

_____

Reden zum Ziel:

_____

> 3. Sie kommen abends nach Hause und Ihre Partnerin sagt:
> „Du enttäuschst mich sehr!"

Reagieren:

_____

Richtung ändern:

_____

Reden zum Ziel:

___

4. Sie verhandeln mit einem wichtigen Kunden über Ihr Angebot über 100 Badewannen und er sagt: „Sie stehlen mir nur meine Zeit!"

Reagieren:

___

Richtung ändern:

___

Reden zum Ziel:

___

5. Sie erklären Ihrer Kollegin Ihre Ideen, wie sie den Umsatz bei Badewannen steigern könnte, und sie wirft Ihnen vor: „Sie sind immer so autoritär!"

Reagieren:

___

Richtung ändern:

___

Reden zum Ziel:

___

6. Ein Kollege findet Ihre Ideen, wie man den Umsatz bei Badewannen steigern könnte, nicht gut. Sie wehren sich und er wirft
Ihnen vor: „Sie sind immer so empfindlich!"

Reagieren:

_____

Richtung ändern:

_____

Reden zum Ziel:

_____

7. Sie schlagen Ihrem Vorgesetzten einen neuen Plan vor, wie
man die Badewannen besser transportieren könnte, und er
sagt: „Das geht nicht!" (Sie wissen aber genau, dass es geht!)

Reagieren:

_____

Richtung ändern:

_____

Reden zum Ziel:

_____

8. Sie haben einem Kunden 100 Badewannen geliefert, die er nicht bezahlt hat. Nun sagt er: „Wir sind eine kleine Firma – Ihre Forderung bedeutet unseren sicheren Bankrott."

Reagieren:

_____

Richtung ändern:

_____

Reden zum Ziel:

_____

9. Sie haben einem Kunden 100 Badewannen mit einem kleinen Konstruktionsfehler geliefert. Nun sagt er: „Ich werde den Fall der Presse mitteilen!"

Reagieren:

_____

Richtung ändern:

_____

Reden zum Ziel:

_____

10. Sie verhandeln mit einem Kunden und er sagt: „Ich spreche wohl besser mit Ihrem Vorgesetzten!" (Was Sie keinesfalls möchten.)

Reagieren:

_____

Richtung ändern:

_____

Reden zum Ziel:

_____

11. Sie wollen einen Hoteldirektor von einer nagelneuen High-tech-Badewanne überzeugen und er sagt: „Leute aus Ihrer Branche wollen einen doch nur über den Tisch ziehen!"

Reagieren:

_____

Richtung ändern:

_____

Reden zum Ziel:

_____

SCHLAGFERTIG WAR GESTERN!

12. Sie wollen einen Hoteldirektor von einer nagelneuen High-tech-Badewanne überzeugen und er sagt: „Nein, das ist mein letztes Wort!" Für Sie wäre der Auftrag aber besonders wichtig.

Reagieren:

_____

Richtung ändern:

_____

Reden zum Ziel:

_____

13. Sie wollen einen Hoteldirektor überzeugen und sagen „Ich habe mir gedacht, wir könnten ..." und er fällt Ihnen ins Wort: „Das Denken überlassen Sie bitte mir!"

Reagieren:

_____

Richtung ändern:

_____

Reden zum Ziel:

_____

14. Sie verhandeln mit einem wichtigen Kunden Ihr Angebot über 100 Badewannen und er will, dass Sie zehn Prozent Nachlass gewähren: „Sonst gehe ich zur Konkurrenz!"

Reagieren:

_____

Richtung ändern:

_____

Reden zum Ziel:

_____

15. Sie stellen Ihrem Vorgesetzten einen neuen Konstruktionsplan für Badewannen vor und er sagt: „Sie machen immer den gleichen Fehler!"

Reagieren:

_____

Richtung ändern:

_____

Reden zum Ziel:

_____

Es müssen nicht immer Attacken sein, die uns Zeit und Nerven kosten. Manchmal wechselt unser Gegenüber einfach das Thema und wir finden nicht mehr (so schnell) zurück:

> **16.** Sie wollen Ihrer Kundin eine Badewanne verkaufen und sie sagt: „Diese Wanne erinnert mich an einen Film, den ich kürzlich gesehen habe, mit Brad Pitt. Haben Sie den in letzter Zeit im Fernsehen gesehen? Ich sage Ihnen, die Frau tut ihm nicht gut. Und dann erst die Kinder ...“

Reagieren:

_____

Richtung ändern:

_____

Reden zum Ziel:

_____

Zum krönenden Abschluss noch ein besonders anschauliches Beispiel. Es hat sich tatsächlich so zugetragen – auch wenn es Ihnen vielleicht schwerfällt, das zu glauben.

Ein Beispiel aus dem Reifengroßhandel

Gabriele, die Reifen, die Hühner und das Hirn
Zwei Mal im Jahr fürchtet sich Gabriele: Herr Meier kommt vorbei, ein wichtiger Kunde, der meistens eine große Menge Reifen abnimmt. Das letzte Mal stürmte er in ihr Büro und machte eine Handbewegung, als würde er Hühner verscheuchen wollen. Für Gabriele war das die unmissverständliche Aufforderung, aufzustehen und Herrn Meier auf ihrem Schreibtischsessel Platz nehmen zu lassen. Dort saß er dann in voller Leibesfülle und sie musste, über ihn drüber, die Bestellung in den PC eingeben. Als sie sich vertippte,

sagte er zu ihr: „Als Gott das Hirn verteilte, hast du wohl geschlafen?!"
Gabriele war, wie auch die Male vorher, völlig fertig. Am liebsten hätte sie ihn hinausgeworfen.

1. Darf Gabriele Herrn Meier hinauswerfen?

Sie wissen es natürlich: Nein, das darf sie nicht! Eine Ausnahme gibt es: Stellen wir uns vor, der Chef fragt am Abend: „Wie viele Reifen hat denn der Meier dieses Mal gekauft?"
Darauf antwortet Gabriele: „Gar keinen. Er war unhöflich, also habe ich ihn hinausgeworfen!"
„Gut gemacht!", lobt der Chef, „freche Kunden brauchen wir nicht!" Wird das je vorkommen? Sehr unwahrscheinlich.
Also muss Gabriele Herrn Meier ertragen. Sie könnte natürlich eine Diskussion über gutes Benehmen beginnen, doch wird das bei einem Mann wie Herrn Meier zu einem Ergebnis führen, mit dem Gabriele (oder besser: beide) zufrieden sein werden? Auch höchst unwahrscheinlich.

2. Was würden Sie an Gabrieles Stelle tun?

Herr Meier macht die „Hühner verscheuchende Handbewegung".
Was würden Sie an Gabrieles Stelle tun?

_____

_____

> Herr Meier sagt: „Als Gott das Hirn verteilt hat, hast du wohl geschlafen?!" Was würden Sie an Gabrieles Stelle sagen?

_____

_____

Gabriele hat verschiedene Möglichkeiten. Wichtig ist, dass sie Ihre Ziele im Auge behält (auch wenn sie ihrem Gegenüber lieber eine aufs Auge geben würde).

3. Was sind Gabrieles Ziele?

Ihre Ziele sind:

- möglichst viele Reifen zu verkaufen beziehungsweise einen möglichst großen Gewinn zu machen.
- Herrn Meier als zufriedenen Stammkunden zu behalten.
- das Gespräch so kurz wie möglich zu halten und den Kunden möglichst schnell wieder loszuwerden, bevor weitere Unhöflichkeiten folgen und sie endgültig die Nerven verliert.

4. Muss sich Gabriele alles gefallen lassen?

Nein, das muss sie nicht. Zu allererst: Gabriele hat keinen Grund, sich von ihrem Schreibtischsessel vertreiben zu lassen. Sie wird künftig einen Besucherstuhl bereitstellen und mit bestimmter Geste auf diesen deuten: „Bitte nehmen Sie dort drüben Platz!" Solange sie nicht ihre Ziele aufs Spiel setzt, ist es ihr gutes Recht, sich gegen Herrn Meiers Worte und (wenn es ihr wirklich ein Anliegen ist) auch gegen die ungehobelten Manieren zu wehren. Ihre Aufgabe ist es nicht, Herrn Meier bessere Manieren beizubringen. Dafür ist sie nicht zuständig und es wäre vermutlich ohnehin vergebliche Liebesmüh. Wenn sie also das Verhalten des Kunden –

kurz – zum Thema machen möchte, könnte sie das mit dem „4-Phasen-Plan" aus Kapitel XIII. tun. Allerdings kommt, im Unterschied zum Rentner mit dem Hut, Herr Meier nicht jede Woche, sondern nur zwei Mal pro Jahr in ihr Geschäft. Außerdem ist Gabriele ohnehin schon nervös. Darum sollte sie sich eine – durchaus zu erwartende – unangenehme Szene lieber ersparen und umgehend zur „3 R Regel" greifen.

Als Reaktion ist ein scharfer Satz durchaus angebracht. Ich nenne das einmal ordentlich *„hineinbellen"* – allerdings ohne die eigene Empörung zum Thema der weiteren Unterhaltung zu machen. Falls es ihr lieber ist, kann Gabriele natürlich auch sanfter reagieren. Hauptsache, sie bekommt möglichst rasch die Kurve zum roten Faden zurück.

5. „3 R Regel" – von sanft bis scharf
A. MÖGLICHE REAKTIONEN
„Herr Meier!" (Der Name wirkt bekanntlich oft Wunder.)
„Das finde ich nicht nett." (Sanft)
„Wie originell!" (Ironisch, aber nicht schädlich)
„Den Seinen gibt's der Herr im Schlaf!" (Das ist ein Vorschlag eines Seminarteilnehmers. Gratuliere, wenn Ihnen so ein Satz tatsächlich in einer solchen Situation einfällt!)
„In diesem Tonfall möchte ich mich nicht unterhalten!" (Scharf)
Und schon folgen das zweite und das dritte R.

Profitipp Nr. 69
Auch wenn unsere Reaktion im Einzelfall einmal scharf ausfallen sollte: Sobald wir die Richtung ändern, sind wir immer freundlich, denn jetzt geht es ja in Richtung Ziel.

B. DAS ZWEITE UND DAS DRITTE R

Richtungsänderung: „Gehen wir *gemeinsam** Ihre Bestellung durch."
(* Zauberwort!)

Reden zum Ziel: „Wie viel Stück der Marke XY brauchen Sie diesmal?"
Und dann soll der ungehobelte Kerl möglichst viel kaufen und rasch wieder verschwinden.

Jetzt müssen wir nur noch die Frage klären: Wenn es beim Verhandeln nicht auf Schlagfertigkeit ankommt, worauf kommt es denn dann an? Die Antwort ist simpel und doch für viele meiner Seminarteilnehmer überraschend: auf die Interessen – und zwar auf „meine" und auf „seine" oder „ihre".

Beginnen wir mit den Interessen unserer Gesprächspartner.

XX.

**Die Interessen
der anderen**

„Also bitte", werden Sie jetzt vielleicht einwenden, „warum sollen die Interessen so wichtig sein? Es ist doch egal, ob die eine Golf spielt oder der andere in seiner Freizeit Hunde züchtet!" Und da haben Sie natürlich recht.

Ich meine mit dem Schlagwort „Interessen" nicht die persönlichen Hobbys unserer Gesprächspartner oder deren Vorlieben in der Freizeit. Diese zu kennen kann zwar für den Small Talk hilfreich und nützlich sein, hilft uns aber selten bei unserer Argumentation. Die Interessen, von denen hier die Rede ist, sind viel tiefgreifender. Es sind die Kriterien, nach denen ein Mensch seine Entscheidungen trifft. Es geht um seine *Grundbedürfnisse, Gedanken, Gefühle, Wünsche, Sorgen und Ängste*. Diese sind ausschlaggebend dafür, welchen Argumenten gegenüber unsere Gesprächspartner zugänglich sind und welche Entscheidungen sie treffen – und auch dafür, ob sie mit den Entscheidungen zufrieden sind und diese auch umsetzen werden.

Profitipp Nr. 70
Viel wichtiger als das, was die Leute sagen, sind die Interessen und Motive, die hinter ihren Worten stecken, also das, was sie denken und fühlen.

A. Einige Beispiele für Interessen gefällig?
Es folgen einige wichtige Beispiele in alphabetischer Reihenfolge (natürlich ohne jeden Anspruch auf Vollständigkeit): Anerkennung, Arroganz, Bosheit, Dankbarkeit, Dazugehören wollen, Ehrgeiz, eigene Wichtigkeit, Eitelkeit, Faulheit, gebraucht werden, Geld, Gesundheit, Gier, guter Ruf, helfen, Liebe, Machtstreben, Medienwirksamkeit, Nachhaltigkeit, Neid, Prominenz, Respekt, Ruhe, Schönheit, Sicherheit, Umweltschutz, Wertschätzung, Zuverlässigkeit.
Wenn Sie sich genauer mit Ihren eigenen Interessen beschäftigen wollen, gibt „Das Reiss Profile: Die 16 Lebensmotive. Welche Werte und Bedürfnisse unserem Verhalten zugrunde liegen"[L] einen guten Überblick.

B. Interessen vor den Vorhang!
Wir wissen inzwischen, dass es beim Verhandeln nicht darauf ankommt, wer der Originellere oder gar der Schlagfertigere ist. Es kommt noch etwas Wichtiges hinzu:

Profitipp Nr. 71
Wenn wir uns auf die Interessen konzentrieren, kommt es nicht darauf an, wer der Stärkere ist!
Eine gute Verhandlung dient dazu, dass man die eigenen

Interessen befriedigt und der andere zur Ansicht kommt,
er befriedigt seine.

Das wollen wir uns anhand einiger griffiger Beispiele näher ansehen.
Beginnen wir mit einer Geschichte aus dem familiären Alltag.

Eine Mutter, ihr 13-jähriger Sohn und die Mütze
Ein Schultag im Januar, sieben Uhr morgens.
Mutter: „Es ist kalt draußen, setz deine Mütze auf."
Sohn: „Nein, sicher nicht!"
Mutter: „Natürlich setzt du deine Mütze auf! Ich will nicht,
dass du krank wirst."
Sohn: „Diese Mütze kann ich nicht aufsetzen, die ist häss-
lich. Da lachen mich alle aus."
Mutter: „Du setzt jetzt sofort die Mütze auf oder du be-
kommst eine Woche Hausarrest!" (Mutter mit Keule, Sie
erinnern sich an die Steinzeit?)
Das Kind setzt die Mütze auf.

Was meinen Sie, wer hat diese Verhandlung gewonnen?
Sie sagen: Die Mutter, schließlich hat das Kind die Mütze aufgesetzt? Wie lange wird die Mütze wohl auf dem Kopf bleiben? Wir
können nach einer solchen Diskussion davon ausgehen, dass sie
hinter der nächsten Hausecke vom Kopf ist. Ein Sieg, der nur bis zur
nächsten Hausecke reicht, ist kein Sieg. Die Mutter hat daher nicht
gewonnen.

Profitipp Nr. 72
Ein Ergebnis ist nur dann gut, wenn es *nachhaltig*
Bestand hat.

Hat das Kind gewonnen? Nein, denn es hat die Mütze aufgesetzt. Außerdem ist es kein Sieg, wenn man seine Gesundheit aufs Spiel setzt. Gesundheit ist ein wichtiges eigenes Interesse – egal ob einem selbst dies in dem Augenblick bewusst ist oder nicht.

Wir stellen fest: Mutter und Sohn haben beide verloren! Die Mutter fühlt sich als Siegerin („Ich habe mich durchgesetzt. Mein Sohn hat die Mütze auf."), das Kind fühlt sich als Sieger („Meine Mama weiß nicht, dass die Mütze längst wieder unten ist.").

Wir haben es hier statt mit der *Win-win-Situation,* die wir ja immer anstreben sollten, mit einer klassischen *Lose-lose-Situation* zu tun. Beide haben verloren. Und – was bei einer Lose-lose-Situation häufig der Fall ist – beiden ist es nicht einmal bewusst.

Profitipp Nr. 73

Wer nur darauf achtet, was der andere *sagt,* also welche Position er vertritt, ist schnell in einen *Machtkampf* verstrickt. Bei Machtkämpfen – wenn jeder beweisen will, der Stärkere zu sein, und siegen will – gibt es mindestens einen Verlierer. Oft verlieren beide. Nicht selten merken sie das nicht einmal.

Profitipp Nr. 74

Je schneller Sie sich auf die Interessen konzentrieren, die *hinter* den Worten stecken, desto effizienter vermeiden Sie solche Machtkämpfe und legen die Basis für positive Ergebnisse.

Welche Interessen sind im Spiel?

Die Mutter möchte, dass das Kind gesund bleibt. Will das Kind krank werden? Nein, vermutlich nicht. Wir haben hier also sogar ein übereinstimmendes Interesse. Wenn Sie sich den Wortwechsel in Erinnerung rufen: Wären Sie je darauf gekommen?

Aufseiten des Sohnes besteht noch ein weiteres Interesse, nämlich nicht ausgelacht zu werden. Haben Sie eine Idee, wie wir diese beiden Interessen unter einen Hut bringen können?

Wie bringen Sie diese beiden Interessen unter einen Hut?
(Anmerkung: Es sind in dieser Situation sicher noch andere Interessen mit im Spiel, um die wollen wir uns hier, aus Übungszwecken, nicht weiter kümmern.)
Jetzt sind Ihre Kreativität und Ihr Einfühlungsvermögen gefragt. Finden Sie bitte zumindest fünf Lösungen:

1. _____
2. _____
3. _____
4. _____
5. _____

Profitipp Nr. 75

Wenn wir statt der Positionen die beiderseitigen Interessen in den Vordergrund stellen, dann haben wir auf einmal viel mehr Möglichkeiten, Lösungen zu finden und Win-win-Situationen herbeizuführen.

Versuchen wir im Gegensatz dazu die „einzig richtige" Lösung zu finden, dann haben wir auch nur *eine* Möglichkeit und benötigen sehr viel Macht, Druck oder Überredungskunst, um zu dieser Lösung zu kommen. Das „Harvard Konzept"[L] drückt es so aus: „Die Menschen sehen ihre Aufgabe oft darin, die Kluft zwischen ihren Positionen zu verkleinern, anstatt die verfügbaren Optionen zu erweitern."

Sehen wir nur eine Möglichkeit, kämpfen wir verbissen um unsere eine richtige Lösung, die wir uns zum Ziel gesetzt haben. Sehen wir zwei Möglichkeiten, sind wir hin- und hergerissen zwischen diesen beiden. Erst wenn wir uns mehr als zwei Möglichkeiten überlegt haben, sind wir flexibel darin, die beste Lösung für (möglichst) alle Beteiligten zu finden.

Mögliche Lösungen in unserer Mützengeschichte
Man findet zu Hause eine „coolere" Mütze.
Das Kind setzt etwas anderes auf (Kapuze, Ohrenschützer ...)
Die Mutter bringt das Kind mit dem Auto zur Schule. (Diese Lösung wird bei vielen Müttern gegen das Interesse „Ich bin kein Taxibetrieb" verstoßen – dieses Interesse haben wir allerdings für das konkrete Beispiel ausgeklammert.)
Das Kind bleibt zu Hause. Es bleibt gesund, wird nicht ausgelacht. (Das Interesse an Bildung und der Befolgung der Schulpflicht haben wir ausgeklammert.)
Das Kind nimmt so viele Vitamine zu sich, dass es keine Mütze mehr braucht, um sich zu schützen.
Oder die beiden wählen einen Kompromiss: Das Kind geht mit der Mütze bis zum Bus (oder in die Nähe der Schule) und nimmt sie ab, wenn andere Kinder in Sichtweite kommen.

Ist es nicht eine Freude? Plötzlich gibt es so viele Alternativen! Es geht nicht mehr darum, wer sich durchgesetzt hat. Es geht nicht mehr darum, hinter dem Rücken des anderen etwas anderes zu tun, als vereinbart wurde. Und es geschieht nichts, was die Beziehung verschlechtern würde. Ganz im Gegenteil.
Sie werden sich vielleicht fragen: Warum suchen wir hier Lösungen? Warum versuchen wir nicht, das Kind mit Worten zu überzeugen?

Wenn man schnell eine Lösung findet, mit der alle Beteiligten gut leben können, erspart man sich langes Herumgerede, das nicht nur Zeit und Nerven kostet, sondern auch das Risiko birgt, dass die Beziehung damit nicht verbessert wird.

Profitipp Nr. 76

Haben wir die Interessen beider Seiten identifiziert, können wir zu einem außerordentlich klugen Schachzug greifen: Wir können die Interessen zusammenfassen und die Frage stellen, welche Lösung der andere vorschlägt.

Zurück zu Mutter, Sohn und der Mütze

Wenn die Mutter meinen Profitipp Nr. 76 beherzigt, dann wird sie zusammenfassen: „Ich verstehe*, dass du nicht ausgelacht werden willst. Mir ist es wichtig, dass du nicht krank wirst." Wenn Sie sicher weiß, dass das Kind verneinen wird, kann sie auch noch dazusetzen: „Willst du denn krank werden?" Verneint das Kind, wird die Ausgangslage der Mutter schlagartig noch besser. Und dann fragt die Mutter: „Damit du nicht ausgelacht wirst und außerdem gesund bleibst – was schlägst du vor?"

---

* Zauberwort

Deckt der Vorschlag des Kindes ihre Interessen ab, hat die Mutter ihr Ziel erreicht. Außerdem kann sie damit rechnen, dass Lösungsvorschläge, die sich das Kind ausgesucht hat, von diesem auch viel eher eingehalten werden, als wenn sie ihm etwas „verordnet" hätte.

C. Interessen kennen – richtig argumentieren

Natürlich könnte die Mutter auch versuchen, ihren Sohn mit einem eigenen Vorschlag zu überzeugen.

Profitipp Nr. 77

 Achtung: Es besteht ein großer Unterschied zwischen „überreden" und „überzeugen".

Um jemanden zu *überreden*, brauche ich Druck, Macht und/oder viele Worte. Der andere steht bestenfalls halbherzig hinter der gefundenen Lösung, was sich sowohl negativ auf das Ergebnis als auch auf die Beziehung und die Effizienz auswirken wird. Um jemanden zu *überzeugen*, brauche ich die passenden Argumente, die zu seinen Interessen passen. Der andere wird das Ergebnis mittragen, die Beziehung bleibt zumindest gleich gut.

> **Welche Argumente hätten Ihnen im Fall Mutter/Sohn/Mütze gefallen?**

Suchen Sie sich das beste Argument aus den folgenden Vorschlägen aus:
„Mir gefällt die Mütze. Sie ist unglaublich hübsch (cool, schick, abgefahren)." *oder*
„Wenn du deine Mütze aufsetzt, bekommst du eine Tafel Schokolade!" *oder*
„Wenn du krank wirst, müssen wir deine Oma, also meine Schwiegermutter, zu uns holen, damit sie dich betreut!" *oder*
„Schau aus dem Fenster, da geht Charly vorbei! Seine Mütze ist deiner ganz ähnlich." *oder*
„Nächste Woche ist Klassenfahrt. Du kannst nicht teilnehmen, wenn du krank bist!"

Wofür haben Sie sich entschieden? Für die Klassenfahrt? Sie meinen, das sei das überzeugendste Argument?

1. Die einzelnen Argumente im Mützenfall
A. MIR GEFÄLLT SIE!

Wann wird dieses Argument ins Schwarze treffen? Richtig, wenn die Mutter das Modevorbild ihres Kindes ist. Das wird nur der Fall sein, wenn die Mutter entweder eine bekannte Modedesignerin ist (und das Kind gut findet, was sie macht) oder solange das Kind klein ist. Bei einem 13-jährigen Sohn trifft das eher nicht zu.

B. DU BEKOMMST SCHOKOLADE!

Es ist gefährlich, Kinder durch Bestechung zu erziehen. Der Preis steigt. Zuerst ist es eine Tafel Schokolade, dann ein Computerspiel ... und es wird nicht lange dauern und Sie können sich Ihr eigenes Kind nicht mehr leisten!

C. SONST KOMMT OMA!

Manche sagen, das sei Erpressung oder eine Drohung. Ich sage, wenn die Betreuung des kranken Kindes wirklich durch die Oma erfolgen wird, ist das eine Tatsachenfeststellung. Ob das Argument ins Schwarze trifft, hängt weniger von der Beziehung der Mutter zu ihrer Schwiegermutter ab (es sei denn, das Kind will der Mutter auf keinen Fall Kummer bereiten), sondern von der Beziehung des Kindes zu seiner Oma.

D. CHARLYS MÜTZE SIEHT SO ÄHNLICH AUS!

Mit diesem Argument hat die Mutter nur dann Erfolg, wenn ihr Sohn Charlys Modegeschmack teilt und/oder Charly zu den coolen Jungs zählt, denen man gerne nacheifert.

E. NÄCHSTE WOCHE IST KLASSENFAHRT!

Auch in diesem Zusammenhang gilt: Ob das Argument „Klassenfahrt" tatsächlich so ein gutes Argument ist, hängt davon ab, wie *das Kind* zu Klassenfahrten steht. Freut es sich auf die Klassenfahrt

– gutes Argument. Fürchtet es sich vor der Klassenfahrt – schlechtes Argument.

Unser „Bild einer zielorientierten Verhandlung" kennen Sie bereits. Es ist an der Zeit, dass wir wieder einen Blick darauf werfen. Sie finden es in Kapitel VI. Achten Sie diesmal bitte auf die Interessen und die Zielrichtung der Argumente.

Profitipp Nr. 78

Je besser ich meine Interessen kenne, desto treffender sind die Ziele und Alternativen, die ich mir setze.

Je besser ich die Interessen der anderen Seite kenne, desto zündender sind meine Argumente.

D. Wir sind Menschen – wir verhandeln mit Menschen

Warum ich das betone, obwohl das selbstverständlich zu sein scheint? Weil viele von uns denken, sie würden mit Ämtern und Behörden, mit Unternehmen und Vereinen verhandeln. Dabei lassen sie völlig außer Acht, dass es einen großen Unterschied macht, ob sie mit Herrn Meier oder Frau Meier verhandeln, mit Frau Huber oder Frau Berger, Herrn Müller oder Herrn Mustermann. Jeder Mensch hat seine eigenen Gedanken, Wünsche, Ängste und Vorstellungen, kurz: Jeder Mensch hat seine eigenen Interessen. Darüber hinaus vertritt er die Interessen seiner Firma, seiner Behörde, seines Mandanten, seiner Familie. Wir sind also stets mit einer Vielzahl von Interessen konfrontiert – wobei meist ein oder mehrere Interessen vorrangig sind. Diese gilt es herauszufinden. Das bringt uns zur wichtigen Frage:

E. Wie finden wir Interessen heraus?
1. In der Vorbereitung

Fragen Sie sich: Wer ist mein Gegenüber? Was weiß ich über ihn? Kenne ich ihn persönlich? (Dann sollte ich bereits zumindest ein Interesse herausgefunden haben.) Was ist mir bei unseren letzten Gesprächen aufgefallen? Kennt ihn ein Kollege? Wer kann mir erzählen, worauf es meinem Gegenüber ankommt?

Die Indianer haben ein altes Sprichwort: *„Wenn du einen anderen verstehen willst, musst du eine Zeit lang in seinen Schuhen gehen!"* Was bedeutet das für uns (größtenteils) Nichtindianer? Es ist gut, wenn wir uns in die Lage des anderen versetzen, um ihn besser zu verstehen. Was würden Sie an seiner Stelle wollen oder tun? Was wäre Ihnen an seiner Stelle wichtig? Wovor hätten Sie Angst? Womit könnte man Sie in dem Fall überzeugen?

Um den anderen besser zu verstehen, gehe ich tatsächlich. Zwar nicht in den Schuhen, aber in der Rolle des anderen. Ich habe festgestellt, dass ich in der Perspektive „Rauchberger" feststecke, solange ich auf meinem Schreibtischsessel sitze. Wenn ich mich in Bewegung setze, dann ändert sich meine Perspektive. Dadurch fällt es mir viel leichter, mich in die Lage des anderen hineinzuversetzen und seine Interessen herauszufinden. Darum:

Profitipp Nr. 79
Wenn Sie sich in die Lage des anderen hineinversetzen wollen, dann setzen Sie sich in Bewegung.
Das hilft beim Perspektivenwechsel.

Und gleich noch ein Tipp: Vergessen Sie nicht, dass man aus jeder Verhandlung etwas lernen kann. Nehmen Sie sich daher am besten unmittelbar nach jedem Gespräch ein paar Minuten Zeit und schreiben Sie Ihre Erkenntnisse auf. Unter anderem deshalb:

Profitipp Nr. 80

Je besser ich beim letzten Verhandlungsgespräch aufge-
passt habe, je mehr ich daraus gelernt habe, desto klarer
sind mir die Interessen der Gegenseite. Und desto bessere
Argumente werde ich künftig finden, wenn ich wieder
mit dieser Person verhandle.

2. Im Verhandlungsgespräch

Sie können Ihren Verhandlungspartner nur dann zu einer Sinnes-
änderung bewegen, wenn Sie wissen, was er im Sinn hat. Stellen
Sie daher die richtigen Fragen: „Was ist Ihnen wichtig?" „Warum ist
Ihnen das wichtig?" „Was wollen Sie?" „Was wollen Sie nicht?"
„Warum wollen Sie das nicht?"

⚠ Stellen Sie sicher, dass Sie wirklich die Interessen ermitteln, die
im Hintergrund stehen, und nicht eine Rechtfertigung für die Position bekommen, die er vertritt. Und achten Sie darauf, dass Sie zielorientierte Fragen stellen. Wecken Sie keine Erwartungen, die Sie
nicht erfüllen können oder wollen.

Profitipp Nr. 81

Hören Sie gut zu, was der andere sagt. Viele Interessen
erfahren wir durch Fragen, andere auch ohne zu fragen.
Sie werden uns quasi als *„goldene Informationen"*
auf einem Silbertablett präsentiert. Wir brauchen nur
genau zuzuhören, dann können wir diese Informationen
gewinnbringend verwerten.

Solche „goldenen Informationen" helfen mir nicht nur in dieser,
sondern auch in meinen nächsten Verhandlungen mit demselben
Gesprächspartner. Sie helfen mir also auch in der Zukunft.

F. Wie würden Sie in diesen Fällen verhandeln?

„Das Fenster bleibt geschlossen!" 1. *Teil*

Als ich die Personalleiterin eines meiner „Stammkunden" besuchte, ging ich einen langen Flur entlang, von dem rechts Bürotüren wegführen, links Fenster. Da öffnete sich eine der Türen, ein Mann kam heraus, der erst kürzlich ein Seminar bei mir besucht hatte:

„Ja, Frau Rauchberger, was machen Sie denn hier?", begrüßte er mich sichtlich erfreut und bat mich in sein Büro. „Karl und ich sind erst heute in diesen Raum gezogen. Wir waren bisher in verschiedenen Abteilungen tätig, jetzt arbeiten wir zusammen!"

Ich begrüßte auch Karl, den ich ebenfalls kannte, und bewunderte das neue Büro. Das Zimmer strahlte, die neuen Möbel strahlten, die Männer strahlten auch. So lange, bis der Erste sagte: „So, jetzt reißen wir ordentlich das Fenster auf!"

Da hörte Karl auf zu strahlen: „Das Fenster bleibt zu!"

„Ach komm, du Weichei!", rief der Erste und zwinkerte mir dabei zu, wohl um damit auszudrücken, dass er kein Weichei sei.

„Eine Viertelstunde wirst du schon aushalten!"

„Na gut", lenkte Karl ein. *„Sagen wir drei Minuten!"*

„Nein, mindestens zehn!"

Was meinen Sie? Führt Feilschen zu einem nachhaltigen Ergebnis? Wie würden Sie vorgehen?

_____

_____

_____

Hier gleich das nächste Beispiel:

Abteilungswechsel 1. Teil
Desiree arbeitete in einem großen deutschen Konzern und wollte dort von der Abteilung A in die Abteilung B wechseln. Jede Abteilung hatte einen Leiter (Herrn A, Frau B), darüber gab es den Bereichsleiter Herrn AB. Sie hatte mit Herrn AB einen Termin vereinbart, um ihn von ihrem Vorhaben zu überzeugen. Sie bat mich, ihre Argumente zu prüfen, damit sie mit mehr Selbstvertrauen in die Verhandlung gehen konnte. Hier die Kurzfassung ihrer geplanten Argumentation:
„Ich möchte die Abteilung wechseln, da es mir in A zu langweilig geworden ist. Als verantwortungsvoller Vorgesetzter müssen Sie Ihre Mitarbeiter motivieren und mich daher von A nach B versetzen!"

Was fällt Ihnen auf?

_____

Was würden Sie tun?

_____

Wie würden Sie argumentieren?

_____

Aller guten Dinge sind drei: Das nächste Beispiel stammt von einer Seminarteilnehmerin, die Betriebsratsvorsitzende eines Krankenhauses geworden war und mit einem der leitenden Ärzte gar nicht zurande kam.

XX. DIE INTERESSEN DER ANDEREN

> **Betriebsrätin und Arzt 1. Teil**
> Bevor Maria in einem Krankenhaus zur Betriebsratsvorsitzenden gewählt wurde, verdiente sie ihr Geld als Pflegehelferin. Auf ihren Karrieresprung war sie daher zu Recht stolz. Sie kam in mein Seminar, weil sie Probleme mit einem leitenden Arzt hatte: „Mit Dr. Maier zu verhandeln ist schrecklich! Ich weiß nicht mehr, was ich machen soll! Wir treffen uns immer in einem Besprechungsraum, damit keiner von uns ‚Heimvorteil' hat. Da wir wenig Zeit haben, komme ich schnell zur Sache und sage ihm, welche Dokumente er unterschreiben soll. Ich erkläre ihm, was er verstehen und veranlassen muss – dabei kommt es regelmäßig zum Streit. Das letzte Mal hat er einfach das Zimmer verlassen und kam nicht wieder. Dabei hätten wir extrem wichtige Punkte zu besprechen gehabt!" Können Sie Maria einen Rat geben? Was sollte sie in Zukunft anders machen?

_____

_____

Ich bin gespannt, welche Lösungen Sie gefunden haben!

G. Die Interessen des anderen – Auflösung der Beispiele

1. Das Fenster bleibt geschlossen!

Glauben Sie, dass Feilschen ein Ergebnis bringt, mit dem beide Männer gleichermaßen zufrieden sind? Verbessert das die Beziehung zwischen den beiden?

Im Gegenteil, ich kann mir gut vorstellen, dass das Feilschen – vielleicht sogar jeden Tag aufs Neue – beiden ordentlich auf die Nerven geht. Daher sollten wir uns besser auf die Interessen konzentrieren, die hinter den Worten der beiden Kollegen stecken. Also habe ich den Ersten gefragt: „Warum möchten Sie das Fenster öffnen?"

⚠ Wenn Sie die Möglichkeit dazu haben, ist es klüger, zu fragen, als anzunehmen, es sei doch ohnehin klar. Es gibt die unterschiedlichsten Interessen, die jemanden dazu veranlassen, ein Fenster öffnen zu wollen: Es ist zu heiß oder zu kalt und draußen ist es wärmer. Es stinkt. Er will die Vögel zwitschern hören. Die geschlossenen Fensterscheiben spiegeln. Er will jemandem vor dem Haus etwas zurufen. Vielleicht hat er gehört, dass geöffnete Fenster die kosmische Strahlung verringern oder dass der Chef Mitarbeiter schätzt, die das Fenster offen halten.

Profitipp Nr. 82

Gehen Sie nie davon aus, dass andere Menschen dieselben Interessen haben (müssen) wie Sie.
Bei Interessen gibt es kein „richtig" oder „falsch".
Es gibt nur ein „gleich" oder „anders".

Also habe ich ihn gefragt, warum er das Fenster öffnen möchte.
„Weil ich frische Luft brauche", lautete die – zugegebenermaßen wenig verwunderliche – Antwort. „Ich bin ein Frischluftjunkie!"
Ich wandte mich an Karl.
„Ich vertrage keine Zugluft", sagte dieser und griff sich an den Hals. „Wenn es zieht, bekomme ich ein steifes Genick und dadurch Kopfschmerzen. An ein Arbeiten ist dann nicht mehr zu denken!"

Nun liegen die Interessen auf dem Tisch! Wie bringen wir sie unter einen Hut?

A. WAS HALTEN SIE VON DIESEN VORSCHLÄGEN?

- Immer wenn Karl den Raum verlässt, wird gelüftet.
- Karl bekommt einen Paravent gegen die Zugluft. (Hätte Karl gesagt, ihm sei schnell kalt, wäre der Paravent keine Lösung gewesen.)
- Karl nimmt einen Schal.
- Der selbsternannte „Frischluftjunkie" geht jede Stunde einmal ums Haus. Damit schlägt er vier Fliegen mit einer Klappe: Er bekommt die gewünschte Frischluft, er macht Pause, er setzt sich in Bewegung und Karls Nacken bleibt unbehelligt.
- Man könnte auch die beiden Herren wieder trennen. Der Erste übersiedelt zu einem anderen Frischluftjunkie, Karl zu einem anderen Zugluftgegner. Dies hätte natürlich nur dann einen Sinn, wenn nicht vorrangige Interessen (wie die reibungslose Zusammenarbeit) damit gefährdet wären.

B. WIE DER STREIT NACHHALTIG BEIGELEGT WURDE

Wir entschieden uns schließlich für folgendes Vorgehen: Die Fenster im Raum blieben geschlossen, ein Fenster im Flur wurde geöffnet. So kam ausreichend Frischluft zum Ersten, dessen Schreibtisch sich direkt neben der Tür befand. Karl blieb davon völlig unbehelligt. So einfach geht es – wenn man weiß, wie.

2. Desiree will die Abteilung wechseln

Bevor wir Desirees Argumente überdenken, sollten wir noch eine andere Frage klären: Wie gefällt es Ihnen, dass sie sich direkt an den Bereichsleiter AB wendet? Sollte sie nicht zuerst mit Herrn A und Frau B sprechen?

Natürlich sollte sie das. Es ist in der Regel kein kluger Schachzug, jemanden zu übergehen. Das kann den Erfolg eines Vorhabens deutlich erschweren oder gar gefährden. Also habe ich Desiree das als Erstes gefragt.

> „Mit A rede ich nicht mehr", lautete ihre kategorische Antwort. „Mit dem Mann hatte ich in der Vergangenheit zu viele Schwierigkeiten. Und mit Frau B würde ich ja gerne sprechen, doch die ist oft verreist oder in Meetings. An die komme ich nicht so leicht ran."

Wenn manche Menschen doch nur im Verhandeln ebenso gut wären wie im Erfinden von Ausreden! Auch wenn die Stimmung zwischen Desiree und Herrn A nicht (mehr) die beste ist – reden sollte sie auf alle Fälle mit ihm. Es liegt in der menschlichen Natur, *gegen* etwas zu sein, wenn man übergangen wird. Und Herr A wird auf alle Fälle überrumpelt, wenn sie ihn von ihrem Vorhaben nicht in Kenntnis setzt. Wahrscheinlich wird Herr AB sofort zum Hörer greifen oder Herrn A zu sich zitieren: „Hier ist Frau Desiree, die will von Ihnen weg! Was ist da los?"

A. BESSER KEINEN ÜBERGEHEN
So macht man sich keine Freunde! Herr A muss gegenüber seinem Vorgesetzen Rede und Antwort stehen. In welchem Licht erscheint er, wenn er nicht weiß, dass eine Mitarbeiterin ihn verlassen will?

 ### Profitipp Nr. 83
Es ist gefährlich, andere zu übergehen, insbesondere Vorgesetzte. Vermeiden Sie zudem – in Ihrem eigenen Interesse –, dass sich *Ihr* Vorgesetzter vor *seinem* rechtfertigen muss.

Ich würde an Desirees Stelle also unbedingt mit Abteilungsleiter A reden. Wenn sie Glück hat, deckt sich ihre Absicht mit seinen Interessen. Warum sollte er eine Mitarbeiterin halten wollen, wenn das Klima bereits vergiftet ist? Warum sollte er eine Mitarbeiterin halten wollen, die sich langweilt? Es könnte gut sein, dass auch er froh ist, wenn beide künftig getrennte Wege gehen, und Desirees Vorhaben sogar unterstützt.

Apropos „langweilig": Sagen Sie Ihrem Chef lieber nicht, dass Ihnen langweilig ist. Damit offenbaren Sie einen Mangel an eigenem Engagement. Denn das Motto lautet: „Wer will, findet etwas zu tun." Außerdem verstehen viele Vorgesetzte das als Kritik an ihrer Person und ihrem Führungsstil. Sprechen Sie lieber über „bessere Einsatzmöglichkeiten Ihrer Kompetenzen und Erfahrungen zum Wohle des Unternehmens".

Und Frau B? Wie wird es ihr gehen, wenn sie von einer Dienstreise zurückkommt und plötzlich sitzt da eine Desiree in ihrer Abteilung, die vor Antritt der Reise noch nicht da war? Frau B muss schon sehr verzweifelt auf der Suche nach einer neuen Mitarbeiterin sein und Desiree sehr hoch schätzen, damit sie ihr so ein Vorgehen nicht verübelt.

Desiree ließ sich von mir nicht überzeugen. Sie hatte einen Termin mit Herrn AB vereinbart und diesen Termin wollte sie auf alle Fälle wahrnehmen. Außerdem hatte sie erfahren, dass Abteilung B plante, per Zeitungsinserat jemanden genau für die Stelle zu suchen, die sie haben wollte. Also erschien ihr Eile geboten. Bevor wir uns den Argumenten zuwenden können, müssen wir zuerst die Interessen klären, die mit im Spiel sind.

B. WELCHE INTERESSEN HAT DESIREE?

Ihre eigenen Interessen kannte Desiree genau: Sie wollte, dass ihr nicht mehr langweilig ist, und sie wollte gerne motiviert werden. Also hat sie für sich das Ziel gewählt, die Abteilung zu wechseln.

Was sofort auffällt: Wie klug ist es, Motivation von außen zu erwarten und einzufordern? Motivation ist vor allem ein innerer Prozess. Zu diesem Thema gibt es viele interessante Bücher wie „Das Günter-Prinzip: So motivieren Sie Ihren inneren Schweinehund"[L] von Stefan Frädrich oder „Das Münchhausen-Prinzip: Wie Sie sich am eigenen Schopf aus dem Sumpf ziehen"[L] von Marco von Münchhausen.

Desiree hätte sich auf der Grundlage ihrer Interessen auch ein ganz anderes Ziel wählen können. Sie hätte ihre Langeweile bekämpfen und ihre Motivation heben können, indem sie sich in der *eigenen* Abteilung mehr Arbeit oder ein verändertes Aufgabengebiet sucht. Sie hätte das Unternehmen verlassen können. Dieses Beispiel ist besonders hilfreich, um den *Unterschied zwischen Interessen und Zielen* klar vor Augen zu führen.

> Da ein Abteilungswechsel Desirees Ziel ist, muss sie wissen, welchen Nutzen eine Versetzung dem Unternehmen bringt. Da sie Herrn AB gegenübersitzt, ist es außerdem wichtig, sich Gedanken über dessen Interessen zu machen – und zwar sowohl über die Firmeninteressen, die er zu vertreten hat, als auch über seine eigenen.

C. WELCHEN NUTZEN BRINGT IHRE VERSETZUNG DEM UNTERNEHMEN?

Desiree hat eine Zusatzausbildung, die in der Abteilung A nicht gebraucht wird, für B aber sehr wichtig ist. Durch einen Wechsel ist sie wieder zufrieden und motiviert und ihre Erfahrung und Fachkenntnis bleiben dem Unternehmen erhalten.

D. WELCHE FIRMENINTERESSEN KÖNNTE HERR AB VERTRETEN?

Hier sind einige Möglichkeiten: Er will

- zufriedene Mitarbeiter, die gemäß ihren Fähigkeiten eingesetzt werden.
- die schlechte Stimmung in der Abteilung A, die durch die Funkstille zwischen Herrn A und seiner Mitarbeiterin herrscht, beheben.
- die Kommunikation und/oder das Verständnis zwischen den beiden Abteilungen verbessern. Desiree kennt die Menschen und Tätigkeiten in A und kann dieses Wissen und diese Kontakte nun in B nutzen.
- in der überbesetzten Abteilung A einen Mitarbeiter einsparen. Wenn er also den Platz in A nicht neu besetzt und sich die externe Suche für die freie Stelle in B erspart, kann er
- Geld sparen. Sie wissen, dass eine externe Suche teuer ist. Das Zeitungsinserat kostet Geld. An der Auswahl der Bewerber sind einige leitende Mitarbeiter beteiligt, das kostet Zeit und daher Geld. Dann macht der Neue Fehler, weil er die Abläufe noch nicht kennt – das kostet Geld. Desiree kennt die Abläufe und ist sofort verfügbar. Das spart Geld.

Profitipp Nr. 84

Apropos Geld sparen: Egal in welcher Branche ich bisher als Juristin, Unternehmensberaterin, Trainerin oder Coach tätig war, es gab zwei Argumente, die immer überzeugten. „Wir sparen Geld!" oder „Wir verdienen damit mehr Geld!" Das sind somit Zauberwörter.

Sollten Sie also in Zukunft jemanden – zumindest in beruflichen oder geschäftlichen Fragen – überzeugen wollen, sollten Sie überlegen, wie Sie zumindest eines dieser beiden Argumente schlüssig in Ihre Strategie einbauen können.

E. WELCHE EIGENEN INTERESSEN HAT HERR AB?

Sie werden merken, dass Menschen zwar in der Regel verschiedene Interessen haben, dass man aber nicht alle diese Interessen als Grundlage für seine Argumente verwenden kann. Dennoch ist es klug, sich darüber Gedanken zu machen.

Mögliche Interessen von Herrn AB:

- Er ist ein „Macher" und will möglichst schnell eine Entscheidung treffen.
- Er hält den Vorschlag für sinnvoll und will ihn umsetzen. (Desiree hat ihn überzeugt.)
- Er will, dass möglichst schnell wieder Ruhe einkehrt.
- Er will Desiree einen/keinen Gefallen tun.
- Er will Desirees Know-how in der Abteilung B nutzen.
- Er will Herrn A einen Gefallen tun und erlöst ihn von Desiree.
- Er will Frau B einen Gefallen tun und verschafft ihr schnell eine kompetente Mitarbeiterin.
- Er nimmt Herrn A aus Bosheit eine Mitarbeiterin weg, denn damit hat Frau B eine Mitarbeiterin mehr als er. Das ärgert A, denn er bemisst seine eigene Wichtigkeit nach der Anzahl der Köpfe in seiner Abteilung.
- Er hält nichts von Frau Bs Menschenkenntnis und will ihr bei der Auswahl der neuen Mitarbeiterin zuvorkommen.

Sicher fallen Ihnen weitere Interessen ein, die Herr AB haben könnte.

Profitipp Nr. 85

Verabschieden Sie sich bitte von der Idee, dass Menschen ausschließlich *vernünftig* entscheiden und/oder dabei immer die Firmeninteressen im Auge haben. Oftmals sind es persönliche Interessen, die meist mindestens gleich stark ins Gewicht fallen.

202

⚠ Es ist vielen Menschen nicht bewusst, dass und wann sie ihre eigenen Interessen in den Vordergrund stellen. Loyal zum Arbeitgeber zu sein heißt natürlich, dessen Interessen den Vorrang einzuräumen.

Um erfolgreich zu verhandeln und ihr Ziel zu erreichen, könnte Desiree daher das Gespräch so führen:

„Ist es richtig, dass in der Abteilung B jemand für das Aufgabengebiet XY gesucht werden soll?"

Wenn Herr AB nickt, dann hat sie einen wichtigen Schritt vorwärts gemacht.

„Als ich davon hörte, habe ich sofort um diesen Termin gebeten, um mit Ihnen zu sprechen, bevor die externe Suche startet."

Damit kann Desiree auch den – zu erwartenden – Vorwurf abfedern, warum sie nicht zuerst zumindest mit Frau B (die sich auf einer Dienstreise befindet) gesprochen hat. Und sie zeigt, dass sie rasch agiert und im Sinne des Unternehmens denkt.

„Ich denke, für diese Stelle braucht man folgende Voraussetzungen, Ausbildungen und Eigenschaften."

Hier ist es sinnvoll, wenn Desiree eine kurze, knackige Auflistung ihrer Ausbildungen (vor allem soweit sie in B nützlich sind) und bisherigen Projekte schriftlich vorlegt, um zu demonstrieren, dass sie die richtige Frau für den Job ist. „Schwarz auf weiß" ist einprägsamer als das gesprochene Wort alleine.

Vertieft sich Herr AB in diese Aufstellung und fragt nach, ist der nächste wichtige Schritt getan. Sie hat sein Interesse an ihr geweckt. Nun kann sie seine Fragen beantworten und den Nutzen, den ihr Wechsel für die Firma hätte, herausstreichen.

SCHLAGFERTIG WAR GESTERN!

3. Betriebsrätin und Arzt

Das nächste Gespräch mit einer in der Hierarchie hoch angesiedelten Person steht auf dem Programm. Diesmal ist es der leitende Arzt, Herr Dr. Maier, der die Betriebsrätin Maria grußlos verlässt und alleine im Verhandlungsraum sitzen lässt. Was würden Sie an Marias Stelle tun?

A. WAS KÖNNTEN MARIAS INTERESSEN ALS BETRIEBSRÄTIN SEIN?

- Das Wohl der Kolleginnen und Kollegen (Dieses steht bei einer Betriebsrätin hoffentlich ganz oben auf der Liste, sonst hat sie ihren Job verfehlt.)
- Das Wohl der Patienten (Wenn man nicht darauf achtet, wird auch die Arbeit der Mitarbeiter erheblich erschwert. Wenn sich die Beschwerden, unnötig lange Verweildauern oder gar Todesfälle häufen, wirkt sich das zwar in erster Linie auf die Patienten aus, aber natürlich auch auf das Personal.)
- Das Wohl des Krankenhauses (Läuft das Krankenhaus nicht gut, bedeutet das Gefahr für die Arbeitsplätze.)

Ich weiß, dass nicht alle Betriebsräte meine Meinung über die Interessen teilen, von denen ich denke, dass sie sie vertreten sollten. Die Zeitungen sind voll mit Personen, die ihre eigenen Interessen (Macht, Ego, Medienpräsenz) oder finanzielle Forderungen auf Kosten der Mitarbeiter in den Vordergrund stellen.

B. WAS KÖNNTEN MARIAS PERSÖNLICHE INTERESSEN SEIN?

- Allen beweisen, dass sie der Aufgabe gewachsen ist
- und daher möglichst schnell Erfolge vorweisen können

- Von den Ärzten als gleichwertige Gesprächspartnerin anerkannt zu werden (Will sie den Ärzten überlegen sein, dann
braucht sie sich nicht zu wundern, wenn sie schnell in einem
Machtkampf landet.)

C. WAS KÖNNTEN DR. MAIERS INTERESSEN ALS LEITENDER ARZT SEIN?

- Kosten sparen
- Reibungslose Abläufe
- Synergien zwischen Abteilungen und mit anderen Häusern
- Heilerfolge und beste Patientenbetreuung
- Der gute Ruf des Krankenhauses
- Zufriedenheit, Weiterentwicklung, Schulung der Mitarbeiter
- Gute Zusammenarbeit mit den politischen Instanzen
- Viele andere Möglichkeiten

D. WAS KÖNNTEN DR. MAIERS PERSÖNLICHE INTERESSEN SEIN?

- Rund um die Uhr zu arbeiten und sich aufzuopfern
- Die Aufgaben sinnvoll und gerecht zu verteilen
- Spätestens um 14 Uhr auf dem Golfplatz zu stehen
- Häufig in den Medien genannt zu werden
- Nie in den Medien genannt zu werden
- Jede Entscheidung persönlich zu treffen
- In Ruhe gelassen zu werden, Hauptsache es klappt irgendwie
- Viele andere Möglichkeiten

Maria hat dem Arzt bisher gesagt, was er alles *muss*. Deckt
sich das mit seinen Interessen? Oder anders gefragt: Ist Herr
Maier Arzt geworden, weil er sich gerne sagen lässt, was er

> tun muss? Ist Dr. Maier leitender Arzt geworden, weil er sich
> gerne von einer Pflegehelferin sagen lassen will, was er
> muss? Die Antwort lautet: Nein!
> Daher braucht sich Maria nicht zu wundern, wenn sie zu kei-
> nen brauchbaren Ergebnissen kommt. Dr. Maier empfindet
> ihr *„Muss"* als Kampfansage. Indem er den Raum verlässt,
> zeigt er ihr, wer der Stärkere ist.

Wenn wir uns an die Steinzeit erinnern: Obwohl der Arzt den Raum
verlässt, ist sein Verhalten keine Flucht, sondern eine Keule.
Eine Flucht wäre sein Weggehen nur dann, wenn er sich tatsächlich vor Maria oder der Übermacht ihrer Argumente fürchtete.
Dieser Verdacht stellte sich bei mir anhand ihrer Erzählung jedoch
nicht ein.

Profitipp Nr. 86
Verzichten Sie besser auf Ausdrücke wie „Sie müssen"
und „du musst". Das Wort „muss" löst im anderen
instinktiv Abwehr aus.

Dazu habe ich ein anderes anschauliches Beispiel: Mehrere Ärzte
haben mir bestätigt, dass es keine gute Idee ist, einem Patienten
zu sagen: „Sie *müssen* dieses Medikament schlucken!" Die Gefahr,
dass diese Tabletten „vergessen" werden, ist hoch. Viel besser wirken ein „Diese Pillen beschleunigen die Heilung." oder „Mit diesen
Tabletten fühlen Sie sich wohler." Mit solchen Argumenten zielen
Ärzte auf die Interessen ihrer Patienten ab.

E. NEHMEN WIR AN, DR. MAIER IST EIN VÄTERLICHER TYP
Ihm sind die Mitarbeiter und Patienten wichtig. Er will bei jeder
Entscheidung mitreden, er lobt und tadelt. Maria wird am besten:

- ⚠ sich „töchterlich" verhalten (wie eine erwachsene Tochter auf gleicher Augenhöhe, nicht wie ein hilfloses Kleinkind oder eine trotzige Vierzehnjährige).
- möglichst Alternativen vorbereiten, statt den Arzt vor vollendete Tatsachen zu stellen. So kann er die Entscheidung treffen – allerdings hat Maria vorab entschieden, aus welchen Varianten er wählen kann.
- das Wohl der Patienten und Mitarbeiter in den Vordergrund rücken.
- das Gemeinsame herausstreichen, da ihr das Wohl dieser beiden Gruppen ein Anliegen ist: „Wir beide, Herr Dr. Maier ...", „Hier können wir miteinander zum Wohle der Patienten ..."
- ihm sagen, wie froh sie ist, dass sie ihn hat. „Väter" hören so etwas gerne.

F. NEHMEN WIR AN, DR. MAIER NIMMT SICH SELBST SEHR WICHTIG

Er will in den Medien gewürdigt werden und arbeitet auf einen Ehrenring der Stadt hin. Er möchte mit den Einzelheiten des Tagesgeschäfts nicht belästigt werden und viel Zeit für seine Privatpraxis haben, die er neben seiner Tätigkeit im Krankenhaus betreibt. Maria wird am besten:

- überlegen, was sie an ihm bewundert. (Irgendetwas wird es hoffentlich zu bewundern geben! Falls nicht, wäre es ein guter Zeitpunkt für die „Mein Lieblingsfeind"-Übung aus Kapitel XII.)
- Fragen stellen wie „Es ist mir wichtig, zu erfahren ...", „Wie ist Ihre Meinung ...?" und interessiert zuhören.
- ihm darlegen, dass sich ihre Vorschläge positiv auf sein Image auswirken.
- betonen, dass er damit Zeit spart und/oder dass er sich damit aus dem Tagesgeschäft weiter zurückziehen kann.

- dass er sich mit dieser Idee an die Medien wenden kann.
- dass der Politiker X (der für die Ehrenringe maßgeblich ist) sich bereits in eine ähnliche Richtung geäußert hat, wie sie Maria jetzt vorschlägt.

Profitipp Nr. 87

 Lügen Sie nicht! Bluffen Sie möglichst wenig! Beides ist gefährlich und wenn es rauskommt, kann es sehr unangenehm werden. Setzen Sie nie Ihre Glaubwürdigkeit aufs Spiel. Wählen Sie stattdessen die Argumente aus, die den anderen vermutlich überzeugen.

H. Machtbewusste, Eitle, Unsichere

Sie haben es bemerkt: Bei einem väterlichen Herrn Dr. Maier werden andere Argumente ins Schwarze treffen als bei einem Dr. Maier, der sich besonders wichtig nimmt. Darum kommen wir vom konkreten Beispiel zur generellen Frage: Wie verhandeln wir am besten mit Machtbewussten, Eitlen oder Unsicheren?

1. Wie verhandeln wir am besten mit einem Machtbewussten?

Es ist interessant, dass „machtbewusst" und „tatsächlich mächtig" nicht unbedingt Hand in Hand gehen müssen. Ich kenne einige wirklich wichtige und daher (in dem Umfeld, in dem sie tätig sind) mächtige Menschen, die sich durch Freundlichkeit auszeichnen, einige durch Bescheidenheit, manche durch ehrliches Interesse an ihren Mitmenschen. Natürlich sind viele Mächtige auch machtbewusst. Und dann gibt es noch viel mehr Menschen, die gar nicht so mächtig sind, es aber werden wollen, oder die so tun, als wären sie es schon.

A. MÖGLICHE INTERESSEN DER IM POSITIVEN SINNE MACHTBEWUSSTEN:

- ernst genommen werden
- Anerkennung bekommen
- nach eigenen Ideen gestalten können
- Verantwortung übernehmen
- Menschen führen
- Angelegenheiten voranbringen
- in der ersten Reihe stehen

Wenn Sie mit diesen Personen an einem Strang ziehen und ihnen die Rolle des „Ersten" nicht streitig machen, dann wird es Ihnen nicht schwerfallen, die richtigen Argumente zu finden: „Damit kommen wir weiter ...", „Ich greife hier Ihre Idee auf ...", „Wir brauchen Ihr O. K. ..."
Bereiten Sie verschiedene Lösungsvarianten vor und lassen Sie den anderen entscheiden. Sorgen Sie dafür, dass die Variante, die Sie selbst bevorzugen, die Interessen des Machtbewussten am umfassendsten abdeckt.

B. MÖGLICHE INTERESSEN DER IM NEGATIVEN SINNE MACHTBEWUSSTEN:

- andere kleinkriegen
- ihr Umfeld unterdrücken
- Angst verbreiten
- dominieren

Müssen Sie mit diesen Menschen wirklich zusammenarbeiten? Können Sie etwas an der Situation ändern? Schaffen Sie es, sich – zumindest nach außen hin – zu unterwerfen, um Ihre Ziele zu erreichen?

2. Wie verhandeln wir am besten mit einem Eitlen?

Was sind seine Interessen? Zu zeigen, dass er gescheit ist, dass er schön ist, dass er wichtig ist ...

Manche meinen, dass man Eitlen mit flotten, schlagfertigen Scherzen am besten begegnet: „Na, für diese Aufgabe sind Sie wohl zu schön, zu jung, zu reich, zu gut ausgebildet und haben eine zu schöne Frau."

Manche vertreten wiederum die Ansicht, Eitle müsse man auflaufen lassen, um ihnen zu beweisen, dass sie nicht so schön oder klug oder toll sind, wie sie dachten. Ist das sinnvoll?

Ich spreche hier von den wirklich Eitlen. Das sind höchst selten Menschen, die über sich lachen können. Und „auflaufen" gehört nicht zu ihren vorrangigen Interessen.

Daher werde ich weder mit Scherzen noch mit „Beweisen des Gegenteils" bei eitlen Menschen das erreichen, was ich will. Damit würde ich, bildlich gesprochen, die Türe zuschlagen. Der Eitle müsste – ebenso bildlich gesprochen – mit dem Prellbock gegen meine Tür rennen und noch mehr Energie darauf verwenden, mir zu beweisen, wie toll, klug und schön er ist. Da ist es doch besser, die Tür weit aufzumachen.

SCHLEIMEN

Natürlich fängt man viele Eitle mit einer Schleimspur: „Sie sind ja so gescheit!", „Ach, wären nur alle Menschen so wie Sie!", „Nein, wie Sie das sagen! Bewundernswert!" Sollen wir tatsächlich schleimen? Warum nicht?

Profitipp Nr. 88

Bitte schleimen Sie nur, wenn Sie das auch wirklich *wollen* und *können*. Wenn Sie mit Stolz sagen können: „Ich bin ein geborener Schleimer!", dann nützen Sie diese Gabe.
Das Schleimen wird glaubhaft und authentisch sein.
Doch wenn Sie es nicht können, dann lassen Sie es bleiben.

Es wird sonst schnell peinlich – für Sie, für die Umstehenden und auch für den Eitlen. Es sei denn, er ist überdies noch dumm. (Eine gar nicht so seltene Kombination.)

Profitipp Nr. 89
Die schönste und unverfänglichste Art, Komplimente zu machen, ist es, Fragen zu stellen *und* sich die Antwort *interessiert* anzuhören.

Fragen als Komplimente kommen natürlich bei Nichteitlen ebenfalls gut an. Allerdings gilt auch hier: Interessiert zuzuhören gehört dazu, sonst ist die Frage kein Kompliment, sondern es wird enttäuschend oder ärgerlich.

Weil wir gerade bei Eitlen sind, hier nun ein Highlight meines bisherigen Verhandlungslebens. Ich war damals eine junge Juristin in einem großen Unternehmen. Einer meiner Kollegen hatte Mist gebaut (einen Riesenmist, um genau zu sein), wodurch unser Geschäftspartner erheblichen Schaden erlitten hatte. Mein Firmenoberhaupt und ich fuhren zur Verhandlung, um uns zu entschuldigen, die Wogen zu glätten und Lösungsvorschläge für eine Wiedergutmachung zu präsentieren. Die Gegenseite hatte bereits einen Rechtsanwalt eingeschaltet, forderte einen immens hohen Betrag, drohte mit dem Gericht – hier waren rasche, entscheidende Maßnahmen nötig. Allzu viel wollten wir natürlich auch nicht bezahlen.

Wir entschlossen uns, den „Schuldigen" zu Hause zu lassen. Allein sein Anblick hätte das Blut der anderen noch mehr in Wallung gebracht. Die Anwesenheit eines reuigen (oder am Ende gar uneinsichtigen) Schuldigen hätte nichts Positives zu unserer Zielerreichung beigetragen.

Herr Rechtsanwalt im TV
Wir betraten den Sitzungssaal. Die Gruppe, die uns erwartete, war furchteinflößend. Lauter Männer, ihre Anzüge waren so dunkel und düster wie ihre Mienen. Die Stimmung war nicht frostig, sie war eisig, der Händedruck ohne jedes Lächeln.
Wir nahmen Platz. Der Rechtsanwalt der Gegenseite ergriff das Wort. Er war ohne Zweifel einer der „Eitlen", sich seiner Wichtigkeit voll bewusst und genoss es offensichtlich, im Mittelpunkt zu stehen. Mit blasierter Miene zählte er alle unsere tatsächlichen und angeblichen Verfehlungen auf. Dann war Stille.
Ich war nicht die Verhandlungsführerin, also schwieg ich und wartete gespannt darauf, wie sich mein Chef nun zu verteidigen gedachte.
„Jetzt weiß ich, warum Sie mir so bekannt vorkommen!", rief er stattdessen erfreut aus, ohne im Geringsten auf die Worte des Rechtsanwalts einzugehen. „Ich kenne Sie aus dem Fernsehen!"
Gemurmel unter den Anwesenden: „Sie waren im Fernsehen, Herr Dr. Müller?"
„Ja selbstverständlich!", rief mein Vorgesetzter, nun endgültig enthusiastisch. „Mehrmals! Beeindruckend!"
Der Rechtsanwalt strahlte und genoss die bewundernden Blicke. Die Stimmung war mit einem Schlag eine ganz andere.

„Haben Sie den Anwalt tatsächlich im Fernsehen gesehen?", wollte ich wissen, als ich mit dem Chef und einem recht erfreulichen Ergebnis wieder im Auto saß. „Ich habe keine Ahnung", antwortete er, „aber darum geht es auch gar nicht! Hauptsache, der giftige Rechtsanwalt fühlte sich geschmeichelt und gab Ruhe."

So weiß ich bis heute nicht, ob der Anwalt tatsächlich jemals im Fernsehen zu sehen war. Er hätte es nie zugegeben, wenn es nicht so gewesen wäre. Dafür sonnte er sich viel zu sehr in der Bewunderung seiner Klienten.

3. Wie verhandeln wir am besten mit einem Unsicheren?

Solche Menschen kennen Sie sicher auch. Sie drucksen herum und wollen sich nicht festlegen. Oder sie sagen, sie seien mit allem einverstanden und unterschreiben dann doch nicht, weil der Chef oder die Ehefrau etwas dagegen haben könnten. Was machen wir mit ihnen?

Sie meinen, unsichere Leute zu übergehen sei eine geeignete Strategie, gemäß dem Motto: „Wenn sich Herr Schmiedel vor einer Entscheidung (oder deren Folgen) fürchtet, verhandle ich besser gleich mit Herrn Schmied"?

Ich verstehe, dass so ein Vorgehen verlockend erscheint, dennoch hat es zwei Haken: Wie kommen Sie direkt an Herrn Schmied heran? Außerdem würden Sie Herrn Schmiedel damit übergehen. Wie wir festgestellt haben, kann so ein Vorgehen gefährlich sein. Auch der unsicherste Herr Schmiedel kann Ihnen „hintenherum" schaden.

Wenn jemand signalisiert, dass Sie ihn überzeugt haben, er aber nicht unterschreibt, weil er nicht sicher ist, ob sein Chef diese Sache auch gut findet, dann können Sie vorschlagen, entweder alleine oder mit ihm gemeinsam den Chef aufzusuchen. Geben Sie ihm so Rückendeckung. Zwei sind stärker und sicherer als einer.

Lehnen Herr Schmiedel oder der Chef ein gemeinsames Treffen ab, dann versorgen Sie Herrn Schmiedel mit Unterlagen und Argumenten. Wenn er sich damit sicherer fühlt, wagt er zu unterschreiben, weil er weiß, dass er dies gegenüber seinem Vorgesetzten vertreten, vielleicht sogar als Erfolg darstellen kann. Fragen Sie Herrn Schmiedel, wie Sie ihn dahingehend unterstützen können. In manchen Fällen habe ich bei der Verhandlungsvorbereitung viel mehr Zeit

SCHLAGFERTIG WAR GESTERN!

und Kreativität in die Argumente gesteckt, die ich Herrn Schmiedel mitgeben wollte, um seinen Chef zu überzeugen, als in die Argumente, die ich brauchte, um Herrn Schmiedel zu überzeugen.

⚠ Es ist in der Regel keine gute Idee, Unsichere bei der Ehre zu packen (obwohl ich das bei anderen Menschen sehr gerne tue). Was würde passieren?

Der Unsichere wird bei seiner Ehre gepackt
Er: „Sie haben mich überzeugt. Ich würde sofort unterschreiben. Aber wahrscheinlich ist es doch besser, ich rede noch einmal mit dem Chef."
Sie: „Aber Herr Schmiedel, dazu brauchen Sie doch Ihren Chef nicht. Das sind Peanuts! Das entscheiden Sie locker mit links! Ein Mann wie Sie, Herr Schmiedel, ich bitte Sie ..."
Er: „Na ja, ich weiß nicht ..."
Sie: „Ihr Chef vertraut Ihnen! Jetzt werden Sie ihn doch nicht enttäuschen wollen!"
Herr Schmiedel unterschreibt den Vertrag. Sie sind zufrieden.

Ob Sie zu Recht zufrieden sind, hängt davon ab, wie diese Geschichte weitergeht. In jedem Fall war das Vorgehen nicht risikolos. Kommt Herr Schmiedel ins Büro zurück und sein Chef ist mit dem Vertrag einverstanden – gut. Dann haben Sie damit vielleicht sogar geholfen, das Selbstbewusstsein von Herrn Schmiedel ein klitzekleines Stück anzuheben.

Doch was, wenn der Chef nicht zufrieden ist? Wenn er sagt: „Warum haben Sie mir das nicht noch einmal vorab gezeigt?" Dann schwindet nicht nur Herrn Schmiedels Selbstvertrauen weiter, sondern es steigt auch etwas, nämlich seine Wut auf (oder seine Enttäuschung über) Sie. Und das ist keine gute Ausgangslage für die nächste Verhandlung. Dass wir einander im Leben mindestens zwei Mal begegnen, wissen wir spätestens seit Profitipp Nr. 2.

I. Motivation durch Anerkennung

„Nicht geschimpft ist gelobt genug!", finden viele Vorgesetzte und halten sich dabei auch noch für originell. Dabei haben sie bloß etwas Wichtiges nicht verstanden: Was ist eine der zentralen Interessen, die Menschen im Umgang mit anderen haben? Sie wollen gelobt werden. Sie wollen Anerkennung für ihre Leistungen. Je wichtiger ihnen etwas ist, desto mehr Anerkennung erwarten sie und umso mehr freuen sie sich und sind motiviert, sich möglichst schnell wieder solch ein Lob zu verdienen.

In Ihrem eigenen Interesse: Hören Sie genau hin, nehmen Sie genau wahr. Suchen Sie nach positiven Aspekten. Es ist wichtig, dass Sie das Positive, das Sie gefunden haben, auch wirklich positiv finden.

Profitipp Nr. 90

Nur wenn Sie etwas wirklich positiv finden, dann können Sie es ehrlich loben und anerkennen. Nur ehrliches Lob wird als authentisch empfunden. Nur als authentisch empfundene Worte machen Freude und heben die Motivation.

Mit anderen Worten: Aufgesetzte Lobhudelei können Sie sich sparen! Die Ausnahme: Ihr Gegenüber ist besonders dumm, besonders eitel oder beides.

J. Der Einsatz der Interessen bei Gehaltsverhandlungen

Wenn Sie bei Ihrem Chef um mehr Geld vorsprechen, dann stellen Sie bitte Ihre eigenen Interessen nicht in den Vordergrund. Niemand interessiert es, ob Sie gerade ein Haus bauen oder Ihr Kind teure Reitstunden bekommt. Neben einer entsprechenden Leistung und guten Gründen brauchen Sie vor allem eines: Einblick in die Interessen des Chefs. Wenn Sie einen Chef haben, den man bei der Ehre packen kann, dann werden Sie ihm sagen, dass es hier um Gerechtigkeit geht. Wenn es einer ist, der seine Ruhe oder weniger Arbeitsbelastung will, werden Sie mit ihm besprechen, was Sie ihm abnehmen können oder bereits abgenommen haben. Je besser Ihre Argumente die Interessen des Chefs berühren, desto erfolgreicher werden Sie sein. Machen Sie es wie die Frau, die im gleichnamigen Buch von Sabine Asgodom ihr Gehalt mal eben verdoppelt hat[L]. Statt dem Chef Vorwürfe zu machen, dass sie weniger verdient als ihre männlichen Kollegen (damit hätte sie sicher nicht seine Interessen getroffen), hat sie mitten in diese hinein gezielt: „Friedhelm, wir werden die Finanzwelt zu deiner Spielwiese machen!" Der Rest war dann laut Sabine Asgodom keine Verhandlung, sondern ein Spaziergang.

K. Der Einsatz der Interessen bei Medien

Viele Unternehmer möchten gern in den Medien erwähnt werden und wundern sich, dass kein Journalist über sie schreibt. Andere wollen verhindern, für Schlagzeilen zu sorgen, und lesen fassungslos die Zeitung. Was haben beide Gruppen nicht bedacht? Richtig, es kommt nicht darauf an, was sie wollen. Es kommt auf die Interessen der Journalisten an und auf das, was diese für die Interessen der Leser halten. Mehr dazu in „Heiße Luft & harte Fakten"[L].

L. Etwas Skurriles zum Abschluss des Kapitels

Der Seminarteilnehmer, der mir die folgende abenteuerliche Geschichte erzählte, schwor Stein und Bein, dass sie sich tatsächlich so zugetragen hat.

⚠ **Nicht zum Nachmachen geeignet!** Experten raten bei Überfällen, das Gewünschte ohne zu zögern herauszugeben. Kein Geld der

Welt ist mehr wert als ein Menschenleben. Allein aus „verhand-
lungstechnischer" Sicht ist folgendes Vorgehen jedoch eine Meisterleistung:

„Das ist ein Überfall!"
Abends auf einem Lagerplatz für Kupferschrott: Der Lagerleiter ist alleine, als ein Lkw auf den Hof braust und ein Mann
aussteigt, vermummt, Pistole im Anschlag: „Lade mir sofort
eine Baggerschaufel voll Kupferschrott auf meinen Laster!"
Der Lagerleiter bewahrt einen so kühlen Kopf, dass er tatsächlich zu verhandeln beginnt: „Warum willst du denn nur
eine Baggerschaufel voll? Du wirst doch zwei Schaufeln gut
gebrauchen können!"
Der Räuber denkt nicht lange nach und stimmt zu.
Gesagt, getan – zwei Schaufeln voll mit wertvollem Roh-
stoff werden aufgeladen. Der Räuber lässt den Lagerleiter
ungeschoren und fährt mit seinem Laster vom Lagerplatz.
Da läuft der Lagerleiter ins Büro, ruft die Polizei an, nennt
Namen und Adresse und sagt: „Man hat mich soeben über-
fallen. Der Räuber sollte nicht schwer zu finden sein. Sicher
steht irgendwo in der Nähe ein Lkw mit gebrochener Achse."

Was für eine verhandlungstechnische Meisterleistung! Der Lagerleiter hat in die Interessen des anderen argumentiert – mehr Kupferschrott bedeutet mehr Gewinn. Gier ist ein weitverbreitetes
Interesse, das viele Menschen dazu bringt, ihren Verstand auszu-
schalten. Gleichzeitig hat der Lagerleiter seine eigenen Ziele erreicht: Er verbesserte die Beziehung zum Räuber. Dadurch steiger-
te er seine Chancen, mit heiler Haut davonzukommen. Er vertraute
auf sein eigenes Wissen: Ein überladener Wagen führt zu einem
Achsbruch. Der Achsbruch führt zur Verhaftung des Täters und zum
Rückerhalt des gestohlenen Materials.

XXI.
Die Interessen, die ich vertrete

A. Nur wer die eigenen Interessen kennt, kann die richtigen Ziele setzen

Auch wenn Sie es nicht für möglich halten: Nur weil jemand (zum Beispiel der Firmenchef) jemandem (zum Beispiel Ihnen) ein Ziel setzt, heißt das noch lange nicht, dass er sich Gedanken über die eigenen Firmeninteressen gemacht hat. Das habe ich gleich zu Beginn meiner beruflichen Laufbahn am eigenen Leib erfahren. Seither bin ich in diesem Zusammenhang besonders wachsam.

Der Abteilungsleiter will eine Klage einbringen
Ich war neu in der Rechtsabteilung einer Firma, mein direkter Chef befand sich auf einer längeren Geschäftsreise.

Da ging die Türe auf, ein Abteilungsleiter stürmte herein.
Er knallte mir einen Aktenordner auf den Tisch: „Schauen
Sie sich das an. Die Firma Maier zahlt nicht, bringen Sie eine
Klage ein! Und zwar sofort!"
Pflichtbewusst prüfte ich die Unterlagen, stellte fest, dass
die Firma Maier trotz Mahnung ohne Grund tatsächlich
nicht bezahlt hatte, und schickte eine Klage ans Gericht.
Der Abteilungsleiter hat mir ein Ziel gesetzt (die Firma
Maier zu verklagen) und ich habe es verfolgt.
Es dauerte nur wenige Tage, da stürmte ein anderer Abteilungsleiter – ein noch viel wichtigerer von einer noch größeren Abteilung – durch meine Tür. Darum war er wohl auch
noch etwas lauter: „Sind Sie wahnsinnig geworden?", brüllte
er. „Sie haben die Firma Maier verklagt? Das ist mein bester
Kunde! Wenn wir die Beziehung zu diesem Unternehmen
aufs Spiel setzen, dann kann ich alle vorkalkulierten Zahlen
vergessen! Das ist der absolute Wahnsinn!"

Wir wissen alle, dass die Beziehung zwischen zwei Unternehmen
nicht mehr die beste ist, wenn eines der beiden Klage bei Gericht
einbringt. Also stand der Geschäftserfolg des zweiten Abteilungs-
leiters tatsächlich auf dem Spiel und so war seine Aufregung sicher
berechtigt.

MEINE LEHREN AUS DIESEM VORFALL

Meine erste Einsicht war, dass die Kommunikation in Unternehmen
nicht so läuft, wie ich mir das vorgestellt hatte. Ich hatte tatsächlich angenommen, Abteilungsleiter würden miteinander *reden* oder
zumindest einander über wichtige Angelegenheiten *informieren*.
Wie laufen die Informationen in Ihrer Firma? Gibt es etwas, was Sie
daran verbessern können?

Meine zweite Einsicht: Nur weil mir jemand ein Ziel setzt, heißt das noch lange nicht, dass er sich über die Interessen des Unternehmens Gedanken gemacht hat.
Es kommt häufig vor, dass Abteilungsleiter, aber auch ihre Mitarbeiter nur die Interessen ihrer *eigenen* Abteilung im Auge haben, nicht aber die des Gesamtunternehmens oder gar die anderer Abteilungen. Jeder kocht sein eigenes Süppchen und vergisst dabei, dass er nichts davon hat, wenn der gesamte Laden untergeht.

Profitipp Nr. 91

Ich habe es mir zur Regel gemacht, die Entscheidungsträger mit möglichst allen nötigen Informationen zu versorgen, **bevor** sie Ziele setzen und Entscheidungen treffen. So können sie die Interessen des Unternehmens besser beurteilen. Und das wiederum ist im Interesse aller.

Wenn wir beruflich verhandeln, sind immer mehrere Interessen im Spiel. Hier eine Auswahl:

- die des Unternehmens (Geschäftserfolg, Leitbild, Gründungszweck oder Statuten)
- die unseres Chefs
- die der Firmenleitung,
- die unserer Mitarbeiter
- die unserer Kollegen
- die unserer Klienten/Kunden/Mandanten
- unsere eigenen

Frau Rauchberger als Neuling vor Gericht 1. Teil
Als ich als junge Juristin in einem Unternehmen arbeitete, bekamen wir eines Tages eine Klage auf den Tisch. Eine

andere Firma hatte die gelieferte Ware beanstandet. Sie wollten Geld von uns.

Mir schien die Reklamation berechtigt, mein Chef wollte dennoch nicht bezahlen: „Ich sehe gar nicht ein, dass wir auch nur einen Schilling herausrücken sollen. Mit dem Kerl hatten wir ständig Schwierigkeiten. Der soll warten, bis er schwarz wird!"

Damit war das Interesse meines Chefs klar. War dies jedoch auch im Interesse des Unternehmens? War es auch in meinem eigenen?

Meinen Einwand, dass wir keine Argumente hätten, um eine sinnvolle Klagebeantwortung zu formulieren, wischte er lässig vom Tisch: „Ihnen wird schon etwas einfallen!"

Im Allgemeinen lasse ich mir gerne etwas einfallen. Mit der Zeit lernte ich, auch mit wenigen oder schwachen Argumenten so überzeugt und überzeugend aufzutreten, als hätte ich mehr Trümpfe in der Hand. Wenn Sie so wollen: Ich habe gelernt, aus wenig viel zu machen. Doch wo gar nichts ist, kann auch niemand etwas daraus machen.

So saß ich also vor Gericht, um unsere Firma zu vertreten. Wir hatten absolut nichts vorzubringen. Dem Richter zu erklären: „Wissen Sie, mein Chef mag den Kläger nicht!", hätte ihn nicht davon abgehalten, uns zu einer Zahlung zu verurteilen. Ich fühlte mich wie der letzte Depp und so wurde ich auch behandelt. Natürlich verloren wir das Verfahren.

Seither weiß ich:

Profitipp Nr. 92
Es reicht nicht aus, wenn allein die Interessen meines Vorgesetzten berücksichtigt werden. Ich bin es dem Unternehmen schuldig, auf die Unternehmensinteressen zu achten.

Der Prozess kostete eine Stange Geld und eine gehörige Portion Reputation. Seit diesem Tag habe ich meinen Vorgesetzten die Firmeninteressen immer plastisch vor Augen geführt – das hat ihre Entscheidungen sicher oftmals beeinflusst. (Falls nicht, habe ich es zumindest versucht. Die Verantwortung liegt natürlich weiter beim Vorgesetzten.)

Darüber hinaus bin ich es mir selbst schuldig, auch auf meine Interessen zu achten. Wie ein Depp vor Gericht zu sitzen gehört nicht dazu. In ähnlichen Situationen habe ich daher künftig alles darangesetzt, zu verhindern, dass wir uns auf einen so aussichtslosen Prozess einlassen. Ich habe hausinterne Verhandlungen geführt, um meine Vorgesetzten davon zu überzeugen, dass eine andere Lösung die bessere Alternative wäre. Falls nötig, habe ich mir hierfür Verbündete im Unternehmen gesucht. Wir haben Ratenvereinbarungen getroffen, die andere Seite mit einem neuen Geschäft zufriedengestellt oder unserem Geschäftspartner irgendeinen anderen Vorteil verschafft, mit dem er zufrieden war. Manchmal haben wir die offene Forderung auch einfach bezahlt. Das ist immer noch sinnvoller und kostengünstiger, als mit einem aussichtslosen Prozess eine Reihe von Anwälten und das Gericht durchzufüttern. Damit habe ich also mitgeholfen, meinen Arbeitgebern viel Geld und mir so manch unerfreuliche Situation zu ersparen.

B. Warum finden es manche so schwierig, für ihre eigenen Interessen einzutreten?

Das ist eine ebenso spannende wie interessante Frage. Ich denke, es gibt dafür mehrere Gründe. Möglicherweise liegt es an einer seltsamen Prioritätensetzung. Manchmal stehen wir uns selbst im Weg. Dann wieder sitzen wir im falschen Boot. Und weit verbreitet ist auch die „Angst vor dem eigenen Preis".

1. Weil wir durch eine seltsame Prioritätensetzung unsere eigenen Interessen aus den Augen verlieren

Sie erinnern sich an die Steinzeit aus Kapitel V.? Dort haben wir Menschen getroffen, die in Verhandlungen die Flucht ergreifen. Wenn man die eigenen Interessen verleugnet oder nicht beachtet, ist das auch eine Form der Flucht. Im selben Kapitel haben wir das am Beispiel „Ines und die knallende Tür" anschaulich gesehen.

Menschen, die ihre eigenen Interessen hintanstellen, erkennt man an Aussprüchen wie „Na, ist ja auch egal", „Das Lob habe ich doch gar nicht verdient", „Da habe ich einfach Glück gehabt", „Sie haben selbstverständlich recht", „Da kann man wohl nichts machen", „Dann eben nicht" und an Gedanken wie „Am Ende hält der mich für aufdringlich", „Wie peinlich", „War ja nicht so wichtig" und „Was ich denke, interessiert sowieso kein Schwein".

SIE ERINNERN SICH AN UNSEREN MUTTER-SOHN-MÜTZEN-FALL?

Hätte die Mutter ihre Interessen hintangestellt, dann hätte sie gesagt: „Ach, mach doch was du willst!", und das Kind hätte ohne Mütze das Haus verlassen. Damit hätte die Mutter ihren Anspruch auf Befriedigung ihrer Interessen („Kind bleibt gesund") – ohne Gegenleistung – aufgegeben. Wäre das Kind krank geworden, dann hätte sie noch so viel schimpfen und jammern können, es hätte das Ergebnis nicht verbessert – und die Beziehung auch nicht.
Weitere Beispiele gefällig?

2. Weil wir nicht den Chef heraushängen lassen wollen

„Mach's doch selbst!" 1. Teil
Martin leitet ein kleines technisches Büro in Tirol. Werner
ist sein bester Mitarbeiter. Es ist Freitag um die Mittagszeit.
Martin: „Werner, bitte führ einige Planänderungen durch.
Alles muss bis 15 Uhr beim Kunden sein!"
Werner: „Mach die Änderungen selbst. Ich gehe jetzt Ski
fahren!" Er grinst, winkt und geht zur Ausgangstür.
Martin murmelt: „Na, dann viel Spaß!", ärgert sich, macht
sich an die Arbeit und schwört sich, Werner dieses Verhal-
ten heimzuzahlen.

Heimzahlen ist keine Führungsaufgabe. Es wäre stattdessen Martins Aufgabe gewesen, Werner darauf hinzuweisen, dass es sich bei
seinen Worten um einen dienstlichen Auftrag handelt. Dann wäre
es Werner, als loyalem Mitarbeiter, um einiges schwerergefallen,
den Wunsch des Chefs zu ignorieren, als wenn er denkt, es handle
sich um eine Plauderei unter Kumpels. Liegt die Mittagszeit noch
in der „Kernarbeitszeit", so kann sich Werner nur mit Zustimmung
seines Vorgesetzten früher freinehmen. Dies gilt auch dann, wenn
man das in der Vergangenheit nicht so streng gehandhabt hat.
Diese Zustimmung hat Werner trotz seines Verhaltens bekommen,
schließlich hat ihm sein Chef (widerwillig, aber doch) „Na, dann viel
Spaß!" gewünscht. Vielleicht hat er sie aber auch *wegen* seines Verhaltens bekommen. Dann ist es noch wichtiger, dass Martin sein
Vorgehen überdenkt. Wenn Werner erst einmal durchschaut hat,
dass man Martin nur „blöd zu kommen braucht" und schon wird
jeder Wunsch erfüllt, wird er keinen Grund sehen, sich in Zukunft
kollegialer zu verhalten.

XXI. DIE INTERESSEN, DIE ICH VERTRETE

MARTIN HAT SEINEN INTERESSEN KEINE BEACHTUNG GESCHENKT. WAS SOLLTE ER IN ZUKUNFT ANDERS MACHEN?

Er sollte sich zuerst überlegen, was seine Interessen und die Firmeninteressen überhaupt sind: Er will ein erfolgreiches Büro führen, dazu braucht er zufriedene Kunden. Daher lautet das Firmenziel: Der Plan muss, mit fachgerecht durchgeführten Änderungen, zeitnah beim Kunden sein. Das wird auch sein persönliches Ziel sein, denn unzufriedene Kunden machen keinen Spaß. Wenn er eine Zusage gegeben hat, will er diese auch einhalten.

Profitipp Nr. 93
Wenn Sie etwas versprechen, sollten Sie dies auch einhalten. Überlegen Sie daher bitte gut, was Sie versprechen. Gebrochene Zusagen erfordern einen triftigen Grund, den der andere nachvollziehen kann. Nur dann kommt es nicht zu einer erheblichen Verschlechterung der Beziehung und damit auch zu einer Gefährdung des sachlichen Erfolgs.

Ein weiteres Firmen- sowie persönliches Interesse von Martin wird sein, Werner als zufriedenen Mitarbeiter zu behalten. Seine Kompetenz trägt maßgeblich zum Erfolg bei (Firmeninteresse). Wenn er zufrieden ist, bringt er bessere Leistungen (Firmeninteresse) und ist ein umgänglicherer Zeitgenosse (Martins persönliches Interesse). Wenn Martin also die Arbeit selbst erledigt, dann hat er alle bisher erwähnten Interessen und Ziele abgedeckt.
An der Tatsache, dass er dennoch sauer ist, erkennen wir, dass er noch andere wichtige Interessen hat, die nicht beachtet oder sogar verletzt wurden. Diese könnten sein:

- Martin fühlt sich als Chef nicht ernstgenommen. Werner hat sich ihm gegenüber im Ton vergriffen.

225

- Sein Ziel: Werner klarzumachen, welche Spielregeln in der Zusammenarbeit und der Kommunikation untereinander gelten. Eventuelles Zusatzziel: Martin will eine Entschuldigung hören. (Hier sollte er hinterfragen, *warum* und *wie viel* Wert er darauf legt. Was, wenn er keine Entschuldigung bekommt?) Ich würde an Martins Stelle hier zum „4-Phasen-Plan" von Kapitel XIII. greifen.
- Martin hat Zweifel, ob seine Kompetenz ausreicht, und will daher, dass Werner die Arbeit erledigt. Eine Abwägung der Ziele „Der Kunde ist vollständig zufrieden" gegen „Werner ist vollständig zufrieden" wird daher auch aus diesem Grund zugunsten von „Der Kunde ist vollständig zufrieden" ausfallen.
- Martin hätte selbst am Nachmittag etwas anderes vorgehabt. Dann lautet die Abwägung: Was ist wichtiger? „Werner geht Ski laufen" oder „Ich ziehe mein Vorhaben durch"? Beziehungsweise: „Wie bekommen wir diese beiden Interessen unter einen Hut?"
- Martin hat eine andere Aufgabe zu erledigen (Baustellenbesichtigung am Samstag), für die er gerne Werners Entgegenkommen hätte.

Ein künftiges Gespräch könnte daher so ablaufen:

Martin: „Werner, bitte führ folgende Planänderungen durch. Alles muss bis 15 Uhr beim Kunden sein!"
Werner: „Mach die Änderungen selbst. Ich gehe jetzt Ski fahren!" Er grinst, winkt und geht zur Ausgangstür.
Martin mit bestimmtem Tonfall (Nun kennt er seine Interessen und daher sein Ziel, das steigert seine Selbstsicherheit und seine Klarheit. Beides drückt sich im Tonfall aus.): „Einen Augenblick, Werner!"
Jetzt hat er Werners Aufmerksamkeit.*

Werner unwillig: „Was ist denn? Ich habe es eilig!"

Martin: „Setz dich bitte! Ich möchte mit dir reden." (Spätestens jetzt weiß Werner: Es ist ernst.) „Mir gefällt dein Tonfall nicht." (Er ist der Chef. Das sorgt für Klarheit.) „Außerdem: Wenn ich dir einen Auftrag erteile, dann verlasse ich mich darauf, dass du ihn erledigst."

Werner: „Das mache ich doch im Allgemeinen auch. Aber heute scheint endlich wieder einmal die Sonne …"

Martin: „Ich verstehe, dass du Ski fahren gehen willst …" und setzt jetzt in Richtung auf sein Ziel fort: „… allerdings muss ich dringend weg. Ändere den Plan, bringe ihn bis 15 Uhr zum Kunden und dann kannst du immer noch auf die Piste" (Auftrag) oder

„… daher folgende Abmachung: Du kannst jetzt gehen, aber dafür führst du am Samstag die Baustellenbesichtigung durch" (Gegengeschäft) oder „… wir machen die Planänderungen gemeinsam und ich fahre dann zum Kunden. So bist du vor halb drei bei der Seilbahn" (Kompromiss) oder

„Du willst auf die Piste, der Kunde braucht den Plan bis 15 Uhr – wie machen wir das?" Martin bindet Werner in die Entscheidung mit ein. Aufgrund des ernsten Tons am Anfang wird Werner eine flapsige Antwort nun schwererfallen. Anderenfalls sollte sich Martin in Ruhe (!) Konsequenzen überlegen.

---

* Es ist immer eine gute Idee, zuerst die Aufmerksamkeit eines Gesprächspartners zu erregen. Das erhöht die Chancen, dass Ihre Worte auf fruchtbaren Boden fallen.

3. Weil wir es uns nicht wert sind

Sybille und die Theaterkarten
Sybille hat Theaterkarten und freut sich schon lange auf die Vorstellung. Als sie um 18 Uhr das Büro verlassen will, erscheint ihr Chef im Laufschritt, wirft ihr einen Stapel Akten auf den Tisch. „Das gehört erledigt! Sofort!" und verschwindet in seinem Zimmer. Er scheint so schlecht gelaunt zu sein, dass sie nicht wagt, anzuklopfen. Sie macht sich an die Arbeit. Die Vorstellung beginnt ohne sie.

Das könnte Ihnen auch passieren? Es ärgert Sie, dass Sie *immer* Ihre Interessen hintanstellen müssen? Dass Sie oder Ihre Gutmütigkeit *immer* ausgenutzt werden? Aber Sie wissen beim besten Willen nicht, was Sie stattdessen machen sollen?

Was halten Sie davon, wenn Sie beginnen, zu Ihren Bedürfnissen zu stehen, sie wichtig zu nehmen? (Einige gute Bücher zum Thema wie „Raus aus der Komfortzone"[L] finden Sie auf der Literaturliste.)

Wenn Sybille ihre Interessen überdenkt, dann stellt sie fest: Sie will, dass der Chef zufrieden ist, sie will ihm aus dem Weg gehen, wenn er schlechte Laune hat, ihre Arbeit gut machen, sie termingerecht erledigen, ins Theater gehen ...

Noch weiß sie nicht, was „sofort" bedeutet. Muss die Arbeit wirklich *heute* noch erledigt werden oder bedeutet „sofort" „morgen früh" oder „sobald als möglich"? Viele Menschen sind bei derartigen Zeitangaben überaus unpräzise.

Also bleibt zuerst die Abwägung, was ihr wichtiger ist: „Chef aus dem Weg gehen" oder „ins Theater"? Ich denke, das Theater sollte den Vorzug erhalten.

Sie sollte ferner überlegen: Unter welchen (gravierenden) Umständen bin ich als loyale Mitarbeiterin bereit, diesen Theaterabend

228

sausen zu lassen? Will ich etwas dafür? Könnte jemand anderes die Aufgabe erledigen. Diese andere Person sollte zunächst um ihre Zustimmung gefragt werden, *bevor* Sybille mit dem Chef spricht. Dann lautet die Devise: Klopfen, sich in die Höhle des Löwen begeben und verhandeln!

Wenn Sybille weiß, was sie will, und ihre Alternativen kennt, kann sie selbstbewusster auftreten. Wenn sie sich klein macht und flüstert, braucht sie sich nicht zu wundern, wenn ihr Chef sie nicht ernst nimmt und ihr den Wunsch abschlägt.

Profitipp Nr. 94

Wenn Sie ernst genommen und gehört werden wollen, ist es wichtig, dass Sie gerade stehen (Machen Sie sich groß!), mit dem anderen Blickkontakt aufnehmen und mit fester Stimme sprechen.

Je besser Ihre Vorbereitung auf das Gespräch und je genauer Sie wissen, was Sie wollen, desto einfacher und besser wird Ihnen das gelingen.

Sybilles Gespräch mit dem Chef könnte in etwa so ablaufen:

Sybille, die Akten in der Hand, klopft an und tritt ein: „Sie haben mir soeben diese Akten gegeben."

Sofort weiß der Chef, worum es geht. Er nickt.

„Ich habe für heute Theaterkarten. Bis wann genau muss alles erledigt sein?" Und falls sie sich nicht sicher ist: „Was genau ist zu tun?"

Jetzt sagt der Chef entweder: „Morgen im Lauf des Tages reicht. Schönen Abend!", und Sybille hätte unnötigerweise auf einen Theaterabend verzichtet oder:

„Ich hätte nicht gedacht, dass Sie so ungefällig sind!" – dann greift Sybille zur „3 R Regel":

„Sie haben recht damit, dass ich nicht ungefällig bin. Ich mache mich gleich morgen an die Akten. Ist es Ihnen recht, wenn ich Sie Ihnen um elf Uhr bringe?"

Vielleicht erklärt der Chef: „Das muss dringend heute noch erledigt werden. Der Bundespräsident wartet auf meinen Anruf!"

Dann hat Sybille die Wahl, vorzuschlagen, dass die Kollegin, mit der sie vorab gesprochen hat, die Aufgabe übernimmt, oder auf den Theaterabend zu verzichten. Vielleicht ist der Chef bereit, ihr Karten an einem anderen Tag zu spendieren? Oder aber er ordnet an: „Sie machen das jetzt und damit basta!"

Auch dann kann Sybille – wenn sie den Mut dazu hat – zur „3 R Regel" greifen. Entweder so wie oben oder: „Ich verstehe, dass Sie wollen, dass das erledigt wird. Darum gebe ich Maria die Akten. Sie bringt sie Ihnen in zwei Stunden."

Entgegnet er dann: „Das ist doch kompletter Unsinn! Haben Sie Tomaten auf den Ohren? Ich habe gesagt, das machen Sie. Und zwar jetzt!", sollte Sybille ihre Alternativen auf dem Arbeitsmarkt sondieren – in Ruhe. Spontan zu sagen: „So lasse ich nicht mit mir reden, ich kündige!", wäre gegen ihr eigenes Interesse, und zwar gegen ein noch höheres. Schließlich zählt der eigene Arbeitsplatz mehr als ein netter Abend. Daher wird sie, wohl oder übel, auf diesen Theaterbesuch verzichten.

4. Weil wir auch unseren Stolz haben

Es gibt eine weitere, sehr „beliebte" Art, die eigenen Interessen zu missachten: auf den eigenen *Stolz* zu pochen, gerade so, als würde der eigene Stolz alle anderen Interessen in den Schatten stellen. Diesem Thema und dem „Beleidigte-Leberwurst-Faktor" haben wir uns bereits in Kapitel XV. – der Lehrer und das Sponsorengeld – gewidmet.

Dazu passt ein Profitipp, der mir das Leben mit bestimmten Menschen erfreulich erleichtert:

Profitipp Nr. 95

Wenn Sie sich über jemanden in der Verhandlung ärgern, weil er unhöflich, unfreundlich, unsympathisch ist, hilft Ihnen vielleicht folgende Einsicht: Sie müssen den Typen nur während dieser Verhandlung ertragen, er hat sich sein ganzes Leben!

Damit sind diese Leute ohnehin gestraft. Natürlich können Sie sich gegen unhöfliche Bemerkungen wehren (Wozu kennen Sie schließlich die „3 R Regel"?) und Sie können den anderen bitten oder auffordern, sein Verhalten zu ändern (Wozu kennen Sie schließlich den „4-Phasen-Plan"?). Ärgern sollten Sie sich jedoch so wenig wie möglich. Dem anderen ist es egal (oder es freut ihn sogar), nützen tut es nichts und Ihnen nimmt es auf die Dauer den Spaß am Verhandeln.

5. Weil wir nicht „Nein" sagen können

Beispiel: Klaus, der Schrank und die Bandscheibe 1. Teil
„Klaus, kannst du uns bitte helfen? Franz schafft es nicht alleine, den Schrank von Oma in unsere Wohnung zu schleppen. Es sind immerhin vier Stockwerke!"
Klaus denkt kurz an den kürzlich diagnostizierten Bandscheibenvorfall, dann an die langjährige Freundschaft und fasst mit an.

Eines vorweg: Es ist eine lobenswerte Einstellung, die Interessen seiner Freunde wichtig zu nehmen. Das macht wahre Freundschaft aus. Allerdings: Bitte zählen Sie auch sich zu Ihren besten Freunden! Denn eines leuchtet uns allen ein: Haben zwei oder mehrere Freunde unterschiedliche Wünsche, müssen Interessen abgewogen werden. Nehmen wir an, Karl und Maria sind meine besten Freunde, beide sind mir gleich wichtig. Dennoch kann ich nicht gleichzeitig mit Karl das Auto reparieren und Maria zum Zahnarzt begleiten. Also werde ich prüfen, wer von beiden meine Hilfe dringender benötigt oder wem von beiden ich durch meine Hilfe mehr nutze. Ich werde auch überlegen, welche Alternative ich dem anderen anbieten kann.

Was ändert diese Sichtweise am Verhalten von Klaus?

Klaus wird abwägen, ob ihm der Schrank des besten Freundes Franz wichtiger ist als die Bandscheibe des besten Freundes Klaus, und zum Ergebnis kommen, dass die Bandscheibe Vorrang hat. Er wird also aus und mit diesem Grund die Hilfe verweigern, sich aber bemühen, Günther (einen fitten Dritten) aufzutreiben.

Profitipp Nr. 96

Beim Neinsagen kommt es auf Ihre innere Einstellung an. Behandeln Sie sich stets so, wie Sie einen Ihrer besten Freunde behandeln würden, dann fällt Ihnen das „Nein" gegenüber anderen um einiges leichter.

Außerdem: Vergessen Sie bitte nicht den alten Leitspruch: „Everybody's Darling is Everybody's Depp!"
– auch das hilft.

6. Die Angst vor dem eigenen Preis

Sie denken: Was soll denn das heißen? Wer hat Angst vor seinen eigenen Preisen? Das ist doch absurd! Oh nein, das ist durchaus nicht so absurd, wie es auf den ersten Blick scheint. Ich habe mich mit diesem recht verbreiteten Phänomen ausführlich in meinem Beitrag zur GSA TopSpeakersEdition „Die besten Ideen für erfolgreiches Verkaufen"ᴸ auseinandergesetzt. Hier ist eine Geschichte, die das Phänomen illustriert:

Henriette und die Krallen des Bernhardiners

Henriette ist mit Leib und Seele Tierärztin. Ihre Praxis ist fast rund um die Uhr für ihre zwei- und vierbeinigen Patienten geöffnet, dennoch lassen die Einnahmen zu wünschen übrig. Sie und ihr bereits pensionierter Lebenspartner haben seit Jahren keinen richtigen Urlaub mehr gemacht. „Dafür ist kein Geld da", sagt Henriette und seufzt.

„Die Tierärztekammer hat Empfehlungen für die Preisgestaltung herausgegeben", erzählt sie und zeigt mir das Büchlein. „Es sind immer „Von-bis"-Preise. So kann ich zum Beispiel fürs Krallenschneiden sechs bis zehn Euro pro Hund verlangen. Auf meiner Preisliste habe ich natürlich immer den niedrigen Wert aufgeführt, denn ich bin nur eine kleine Praxis, keine Klinik."

„Das heißt, bei dem Bernhardiner, der eben hinausgeführt wurde, haben Sie sechs Euro fürs Krallenschneiden berechnet?", will ich wissen.

Sie winkt ab: „Aber nein, der kam wegen Impfungen. Das Krallenschneiden ging einfach so mit! Das wäre mir peinlich gewesen, dafür etwas extra zu berechnen."

Sicher kennen Sie jemanden, der ähnlich denkt. Vielleicht kommt Ihnen diese Denkart sogar aus eigener Erfahrung bekannt vor. Ich gehöre nicht zu denjenigen, die sagen, dass *alle* Frauen etwas *so* machen und *alle* Männer etwas *anders*. Ich kenne genügend Frauen, die hervorragend einparken und gar nicht so wenige Männer mit einem Faible für Schuhe (eine kleine Anspielung auf die Bücher von Allan und Barbara Pease[L]). In diesem Zusammenhang, wenn es also darum geht, dass es „peinlich" sei, für die eigene Leistung den gerechten Preis (Lohn, Gehalt, Honorar) zu verlangen, sagt meine Erfahrung allerdings: „Das ist eher eine weibliche Eigenart!"

Profitipp Nr. 97
Bevor Sie eine Leistung erbringen, stellen Sie sicher, dass diese gewünscht wird. Dann berechnen sie dafür den angemessenen Preis. Das ist nicht peinlich – das ist selbstverständlich.

Warum setzt Henriette ihre Preise am unteren Ende der Spanne an? Als erfahrene Tierärztin schneidet sie Krallen ebenso gut wie Ärzte der Tierklinik. (Leistungen, die sie nicht ebenso gut machen kann wie die Klinik, zum Beispiel aufwendige Operationen, führt sie ohnehin nicht durch. Daher stellt sich die Frage nicht, was sie dafür berechnen soll.)
Ihren Einwand „Ich zahle doch weniger Fixkosten für meine Praxis, daher berechne ich niedrigere Preise!" kann ich auch nicht gelten lassen. Die Klinikbetreiber bieten umfangreichere Leistungen an und nehmen daher auch mehr Geld ein, das sie unter anderem zur Deckung dieser Fixkosten benötigen. Diese höheren Fixkosten haben nichts mit Henriettes Preisgestaltung zu tun.
Wenn Henriette künftig niedrigere Preise verlangen wird, dann nur aufgrund des eigenen Interesses, damit mehr Kunden anzulocken. Bisher setzte Henriette außerdem seltsame Prioritäten: So war

ihr die Vermeidung des Peinlichkeitsgefühls (Durchschnittsdauer: zwei Minuten) wichtiger als ein längst fälliger Urlaub (Durchschnittsdauer: zwei Wochen).

7. Weil wir die Interessen der Gegenseite über unsere eigenen stellen

> **Konzern X feiert Jubiläum**
> „Unsere Firma wird im nächsten Monat 25 Jahre alt", erfahre ich von Miriam, und es klingt nicht so, als sei das ein Grund zum Jubeln. „Da wollen wir einige Preise senken und verlangen daher von unseren Lieferanten, dass sie auch mit ihren runtergehen. Das finde ich nicht fair. Wir zahlen ihnen doch ohnehin schon niedrige Preise. Ich habe ein schlechtes Gewissen und bringe es einfach nicht übers Herz, das zu verlangen, was die Geschäftsführung erwartet."

Sie merken es? Miriam ist nicht länger auf Seiten ihrer Firma, sondern ist (von sich selbst, und hoffentlich auch noch von der Geschäftsleitung, unbemerkt) ins „Boot der Lieferanten" gewechselt. Dadurch ist es sehr schwierig oder gar unmöglich, die Lieferanten zu überzeugen. Sie muss zuerst wieder ins Boot ihrer Firma wechseln und das gelingt am besten, indem sie sich zuerst selbst überzeugt.

„Werden Ihre Lieferanten gezwungen, mit Ihrem Unternehmen Geschäfte zu machen?", frage ich daher. „Ist Waffengewalt im Spiel?" Ich versuche so harmlos zu klingen, als hielte ich dies tatsächlich für möglich. Miriam widerspricht erwartungsgemäß.

„Das heißt, Ihre Kunden machen freiwillig mit Ihnen Geschäfte?", setze ich nach. „Warum tun sie das?"

Und jetzt zählt Miriam viele, viele Gründe dafür auf. Am Ende strahlt sie: „So habe ich das noch nie gesehen! Die Lieferanten haben jede Menge Vorteile dadurch, dass sie mit uns zusammenarbeiten! Natürlich ist es hart, wenn ich weitere Preisnachlässe verlange, aber es liegt in ihrer Hand, zu entscheiden, ob sie zahlen oder die Konsequenzen ziehen!" So ist es!

Miriams Beispiel bringt uns zu einem weiteren wichtigen Thema:

C. Was tun bei einer Interessenkollision?

Das Häuschen von Oma 1. Teil
Stellen Sie sich bitte vor, Sie arbeiten bei einer Stadtgemeinde im Bereich „Straßenbau". Als Sie nach einem längeren Urlaub an Ihren Arbeitsplatz zurückkehren, erwartet Sie Ihr Kollege mit den Worten: „Bei der Schnellstraße gab es eine Planänderung. Sie wird nun etwas weiter südlich verlaufen. Dazu brauchen wir dieses rot markierte Grundstück einer alten Frau. Fahr zu ihr und sag ihr, dass sie dafür eine Wohnung am Stadtrand bekommt."
Sie sehen sich den Plan an und stellen fest, dass es sich um das Häuschen Ihrer Oma handelt, welches sie mit Opa unter vielen Entbehrungen gebaut hat. Sie mögen Ihre Oma und die Oma ihr Haus (das ist ausschlaggebend für diese Geschichte). Wie werden Sie die Verhandlung mit ihr führen?

_____

_____

_____

Wie würden Sie mit Ihrer Oma verhandeln? Hier stehen einander zwei Interessen gegenüber, die sich nicht unter einen Hut bringen lassen. Auf der einen Seite besteht das Interesse des Arbeitgebers, die Straße genau dort zu bauen. Auf der anderen Seite haben wir Ihr persönliches Interesse, das Haus und die Oma zu schützen. Es besteht also ein Interessenkonflikt.

Profitipp Nr. 98

Loyalität bedeutet, die Interessen des Arbeitgebers vor die eigenen zu stellen. Ist Ihnen das nicht möglich, weil Ihnen die eigenen Interessen besonders wichtig sind, dann ist es ein Gebot der Fairness und der Vertrauenswürdigkeit, den Arbeitgeber von diesem Interessenkonflikt zu informieren.

Was machen wir in diesem Fall daher am besten? Zunächst würde ich die Oma fragen, ob sie im Haus bleiben möchte oder ob ihr nicht doch eine Eigentumswohnung in der Stadt verlockender erscheint.

Profitipp Nr. 99

Bitte entmündigen Sie Ihre Mitmenschen nicht. Gehen Sie nicht davon aus, dass Sie immer wissen, was andere wollen – und schon gar nicht davon, dass Sie es besser wissen!

Was andere wollen, kann sich stündlich ändern, also lautet die Devise: Nachfragen und für Klarheit sorgen.
Ob ich der Oma umgehend erzähle, was die Stadtgemeinde vorhat, hängt von den Chancen ab, die ich mir ausrechne, die Verantwortlichen in der Behörde noch umstimmen zu können. Warum soll ich die alte Dame unnötig in Aufregung versetzen? Andererseits ist es besser, sie erfährt von mir von den Plänen und ich bespreche mit

ihr, was ich zu tun gedenke, als dass sie alles von dritter Seite erfährt und denkt, ich hätte sie im Stich gelassen.

Ich würde meine Chefs von dieser Interessenkollision in Kenntnis setzen. Daher werden sie sich nicht wundern, wenn ich in hausinternen Verhandlungen die Interessen meiner Oma vertrete. Egal ob Oma das Haus behalten will oder nicht, ich werde alles daransetzen, die für sie beste Lösung zu erreichen.

Für die Verhandlung mit der Oma, um die Interessen der Stadtgemeinde durchzusetzen, wäre ich sicher nicht die Richtige – zumindest dann nicht, wenn ich meinen Job und das Vertrauen meiner Vorgesetzten behalten möchte. Wenn sie mich trotzdem zur Oma schicken, obwohl sie von der Interessenkollision wissen, dann gehen sie mit offenen Augen das Risiko ein, dass das Ergebnis nicht das für die Behörde bestmögliche sein wird.

D. Dürfen meine Argumente nur auf die Interessen des anderen abzielen oder kann ich auch meine Interessen geltend machen?

Vor der Antwort eine kurze Erinnerung: Die Interessen auf meiner Seite muss ich kennen, um die richtigen Ziele zu setzen. Die Interessen meines Gesprächspartners sollte ich kennen, um die richtigen Argumente zu finden. Das wissen Sie schon. So weit, so richtig. Was ist aber nun mit folgenden Beispielen? Was meinen Sie?

> Mitarbeiter zum Chef: „Wir sind dabei, ein altes Bauernhaus zu renovieren. Dabei wird alles teurer als geplant. Daher bitte ich um eine Gehaltserhöhung!"
> Gutes Argument? Ja / Nein
> Grund für Ihre Entscheidung:

_____

_____

_____

Lieferant zu einem Stammkunden: „Könnten Sie nicht bitte statt der geplanten fünfzehn Pakete zwanzig abnehmen? Dann hätte ich mein Monatsziel erreicht und könnte beruhigt in den Urlaub fahren."
Gutes Argument? Ja / Nein
Grund für Ihre Entscheidung:

_____

_____

_____

Bewerber zum Personalchef: „Warum ich mich bei Ihnen beworben habe? Weil der Job geradezu ideal zu mir passt. Ich könnte zu Fuß ins Büro gehen."
Gutes Argument? Ja / Nein
Grund für Ihre Entscheidung:

_____

_____

_____

> Handwerker zum Kunden:
> „Würden Sie meinem Chef bitte nichts von dieser Reklamation
> erzählen? Er ist ohnehin schon sauer auf mich. Wenn er jetzt
> auch noch erfährt, dass ich das Gerät falsch angeschlossen
> habe, dann kostet mich das meinen Kopf."
> Gutes Argument? Ja / Nein
> Grund für Ihre Entscheidung:

_____

_____

_____

Wie haben Sie sich entschieden? Haben Sie festgestellt, dass es
kein klares „Ja" oder „Nein" auf die Frage gibt, ob man auch mit seinen eigenen Interessen argumentieren darf? Dann liegen Sie vollkommen richtig. Schauen wir uns gemeinsam die einzelnen Beispiele an:

1. Der Mitarbeiter renoviert ein Bauernhaus und möchte eine Gehaltserhöhung

Sie renovieren ein Haus? Das könnte ein gutes Argument sein,
wenn der Chef selbst die Vorliebe hat, alte Häuser zu renovieren
und daher für die anfallenden Kosten Verständnis hat. Es könnte
ein noch besseres Argument sein, wenn der Freund des Chefs der
Vorsitzende des „Vereins zur Rettung alter Bauernhäuser" ist. In
beiden Fällen deckt sich das eigene Interesse des Mitarbeiters mit
dem Interesse des Chefs.

Doch in der Regel ist das Bauernhaus dem Chef egal – damit geht
dieses Argument ins Leere.

Es ist alles teurer als geplant? Und das sagen Sie Ihrem Chef auch
noch? Daraus schließt er, dass Sie ganz offensichtlich nicht einmal

bei Ihren eigenen Angelegenheiten in der Lage sind, realistisch zu planen. Wie sehr muss er sich dann erst vor Ihren beruflichen Planungen und Einschätzungen fürchten? Dieses Argument kann leicht nach hinten losgehen.

Unter Umständen hilft Ihnen der „Mitleidseffekt" – aber wollen Sie wirklich von Ihrem Vorgesetzten bemitleidet werden? Das bringt Ihnen vielleicht (und auch das ist zweifelhaft) *einmal* mehr Geld – Karriere machen Sie so keine.

2. Der Lieferant will sein Monatsziel erreichen

Gutes Argument? Warum nicht? Die beiden blicken auf eine positive, gemeinsame Geschichte zurück, sonst wäre der andere kaum sein Stammkunde. Das lässt ein offenes Gespräch über eigene Interessen zu, vor allem dann, wenn der Kunde die Ware in Zukunft ohnehin wieder abgenommen hätte. Eines muss der Verkäufer allerdings bedenken: Nimmt der Kunde jetzt die zwanzig Pakete ab, hat er das Gefühl, ihm einen Gefallen getan zu haben. Nach dem Grundsatz von „Geben und nehmen" wird er in der Zukunft nun seinerseits einen Gefallen des Verkäufers erwarten.

3. Der Bewerber kann zu Fuß ins Büro

Als Bewerber argumentiert man besser in die Interessen des zukünftigen Arbeitgebers und, falls bekannt, in die seines unmittelbaren Gesprächspartners. Als legitime eigene Interessen können zum Beispiel angeführt werden: „Ich trage gerne Verantwortung", „Ich möchte mich weiterentwickeln", „Es ist mir wichtig, meine Sprachkenntnisse dazu zu nutzen, in aller Welt Verhandlungen zu führen" – aber nur dann, wenn diese Interessen nicht nur Ihre eigenen sind, sondern sich mit den Interessen des potenziellen Arbeitgebers decken. Ein „Hier kann ich zu Fuß ins Büro" hätte nur dann einen Sinn, wenn Sie ein gefragter Experte sind und der Arbeitgeber fürchtet, Sie bald wieder an einen Mitbewerber zu verlieren.

Dann macht der Fußweg den Unterschied zur Konkurrenz aus und ist damit auch im Interesse des potenziellen Arbeitgebers. In allen anderen Fällen ist er kein gutes Argument.

4. „Sagen Sie nichts dem Chef!"

Gefährlich! Was wollen Sie damit erreichen – dass sich der Kunde mit Ihnen verbündet? Das halte ich nur bei Kunden für sinnvoll (und auch da nur halbwegs), mit denen Sie ein besonders enges Vertrauensverhältnis haben, und bei Chefs, vor deren Reaktion auf die Wahrheit Sie sich fürchten müssen.

In jedem Fall: Es ist kein Loyalitätsbeweis gegenüber Ihrem Arbeitgeber. Sollte dieser davon erfahren, haben Sie erhöhten Erklärungsbedarf. Es macht auch Ihrem Kunden gegenüber keinen guten Eindruck. („Na, in dieser Firma scheint ja ein schlechtes Arbeitsklima zu herrschen. Ob ich so einem Firmenchef noch jemals einen Auftrag geben soll?") Außerdem machen Sie sich erpressbar. („Ich habe Ihrem Chef von dem Fehler nichts erzählt. Dafür arbeiten Sie jetzt eine Stunde umsonst. Und wir sagen ihm wieder nichts.")

Weil wir gerade so schön beim Auflösen von Beispielen sind, ist es ein guter Zeitpunkt, nun Ihre Antworten zu den Beispielen der „3 R Regel" zu überprüfen. Wie haben Sie die Killersätze von Kapitel XIX. beantwortet?

XXII.
Das fröhliche Üben der „3 R Regel" – die Auflösung

A. Lösungen für die Beispiele aus Kapitel XIX.

Jetzt bin ich gespannt! Am besten, Sie vergleichen Ihre Lösungen aus Kapitel XIX. mit meinen Vorschlägen in diesem Kapitel. Auch wenn beim Verhandeln viele Wege nach Rom führen, hoffe ich doch, dass unsere Wege nicht allzu weit voneinander entfernt liegen. Falls das der Fall sein sollte, überprüfen Sie bitte, ob Sie bei Ihren Antworten Ihr Ziel *und* die Verbesserung der Beziehung im Auge behalten haben.

> 1. Stellen Sie sich vor, Sie möchten einer Neukundin eine Badewanne verkaufen und sie sagt: „Ihre Firma ist zu teuer."

Zuallererst stellt sich die Frage: „Hat die Kundin recht?" Falls das der Fall und der Preis tatsächlich Ihr Manko sein sollte, so ist es gut, dass Sie sich auf Ihre starken Seiten besinnen. Gehört die Qualität dazu, können Sie der Kundin mit Ihrer Reaktion sogar zustimmen: *„Sie haben völlig recht: Qualität hat ihren Preis!"* Nicken Sie, halten Sie Blickkontakt. Sie gehen damit weg von – für alle – unbefriedigenden Rechtfertigen oder gar von – für Sie – noch unbefriedigenderen vorschnellen Preisnachlässen. Sie kommen damit zum Herausstreichen der eigenen Vorzüge und damit mitten hinein in den Nutzen (und damit in die Interessen) Ihrer Kunden. Es folgt die Richtungsänderung: *„Nur so ist es uns möglich, uns genau auf Ihre Wünsche einzustellen."* Reden zum Ziel: *„Sie haben gesagt, Sie möchten eine frei stehende Wanne. Da zeige ich Ihnen ... "*
Und dann zeigen Sie ein tolles Modell, entweder im Katalog oder – noch besser – in der Realität.

Profitipp Nr. 100
Wir alle wissen: Bilder überzeugen mehr als Worte. Die Kundin die Wanne „erleben" zu lassen, überzeugt noch mehr. Manche Menschen brauchen im wahrsten Sinne des Wortes etwas zum Begreifen, um etwas zu begreifen.

Wenn es um den Preis geht, fangen viele von uns zu stottern an, bringen Entschuldigungen vor oder geben sofort nach. Lassen Sie das besser bleiben. Interessant ist auch eines: Viele von uns fürchten, dass der andere sagen wird, der Preis sei zu hoch. Diese Befürchtung belastet sie so sehr, dass sie gar nicht erst abwarten, dass der Kunde von sich aus das Thema zur Sprache bringt, sondern gleich vorpreschen: *„Ich weiß, wir sind teuer!"* oder *„Leider kostet das ziemlich viel!"* Hören Sie auch damit auf. Überzeugen Sie sich zuerst selbst, dass der Preis angemessen ist und warum das so ist – und dann stehen Sie dazu! Einen Preis zu hoch zu finden ist, wenn überhaupt, Sache des Kunden.

Die „3 R Regel" können wir aber auch anwenden, wenn der Preis vergleichsweise niedrig ist und der andere trotzdem sagt, er sei zu hoch. Als Reaktion ist ein *„Das mag auf den ersten Blick so scheinen"* beziehungsdienlicher als ein *„Da liegen Sie falsch"* oder *„Schwachsinn"*. Dann fahren Sie fort: *„Ich habe hier die Zahlen des Mitbewerbers."* Vorzeigen ist besser als nur vorlesen. Und dann schnell weiter zum „eigentlichen" Ziel. (Dieses ist nicht, über die Preise der Konkurrenz zu reden, sondern eine Wanne zu verkaufen!) *„Das Modell A bietet Ihnen folgende Vorteile ..."*

Was, wenn der Kunde den Preis nicht akzeptiert? Bitte nicht zu schnell aufgeben! Die „3 R Regel" anwenden, um eine Alternative ins Spiel zu bringen: *„Ich verstehe, dass Ihnen dieses Modell zu kostspielig ist."* Der Satz öffnet die Tür. Ein *„Ich verstehe nicht, warum Ihnen dieses Modell zu teuer ist!"* würde sie schließen. Jetzt kommt die Alternative ins Spiel. *„Zum Glück haben wir ja noch eine breite Auswahl an anderen Badewannen."* Reden zum Ziel: *„Das Modell Berta hat den Vorteil ..."* Wenn selbst Ihre günstigste Wanne dem Kunden zu teuer ist, lautet eine passende 3-R-Antwort in etwa so: *„Ich merke schon, mit Wannen haben wir heute kein Glück. Was brauchen Sie noch für Ihr Bad? Wir haben derzeit dieses Waschbecken im Angebot."*

Um jederzeit auf einen geeigneten „Plan B" zurückgreifen zu können, ist es wichtig, dass Sie sich in der Verhandlungsvorbereitung nicht nur Ihre Ziele, sondern auch die Alternativen überlegen.

> **2. Sie nennen einem wichtigen Kunden, der eine Badewanne kaufen will, nach längerem Verhandeln den bestmöglichen Preis und er sagt: „Sie enttäuschen mich schon sehr!"**

Was will der Kunde mit diesem Satz erreichen? Er will Sie und damit den Preis kleinkriegen! Wollen Sie das auch? Nein! Wahren Sie darum bitte Ihre Interessen und lassen Sie sich durch einen solchen Satz nicht zu einem Rabatt verleiten. Das wäre doch zu einfach, nicht wahr? Man müsste nur einen Satz sagen und schon wird die Ware billiger – und dann noch einen Satz, und noch einen ... Jeder Satz bringt Rabatt. Sie finden das absurd? Ist es auch. Fangen Sie deshalb gleich mit dem ersten Satz damit an, nicht damit anzufangen!

Nehmen Sie es Ihrem Gegenüber nicht krumm, wenn solche Sätze fallen. Es ist *sein* gutes Recht, sein Glück zu versuchen. Es ist aber auch *Ihr* gutes Recht, zielorientiert zu bleiben. Also wenden Sie freundlich und bestimmt die „3 R Regel" an:

Reagieren: *„Herr Meyer, ich möchte Sie natürlich keinesfalls enttäuschen!"*

Richtung ändern: *„Ganz im Gegenteil, mir ist wichtig, dass Sie genau die Badewanne bekommen, die Sie sich vorstellen."*

Reden zum Ziel: Wenn Sie weiter bei derselben Wanne bleiben: *„Die Besonderheit an diesem Modell ist die außergewöhnliche Länge. Hier bringen Sie auch Ihre ein Meter neunzig bequem unter. Möchten Sie es gleich versuchen?"* Wenn Sie stattdessen zu Plan B wechseln: *„Ein ganz ähnliches Modell, aber um einiges günstiger, habe ich für Sie dort drüben."*

Wie bei allen Sätzen kommt es auch bei *„Sie enttäuschen mich schon sehr!"* oder *„Du enttäuschst mich sehr!"* darauf an, wer es sagt und *in welchem Zusammenhang* dieser Satz fällt. Nicht immer ist die „3 R Regel" die richtige Wahl. Das zeigt uns das nächste Beispiel ganz anschaulich:

> **3. Sie kommen am Abend nach Hause und Ihre Partnerin sagt:**
> **„ Du enttäuschst mich sehr!"**

Gehen wir davon aus, dass sie das nicht ständig zu Ihnen sagt. Wir nehmen überdies an, dass Sie nicht schon längst wissen, dass Sie eine herbe Enttäuschung für Ihre Partnerin sind. Wahrscheinlich sind Sie daher emotional betroffen und diese Betroffenheit kann ruhig zum Ausdruck kommen. Vielleicht ahnen Sie auch, worum es geht. Doch bevor Sie zu raten beginnen, was der genaue Grund für die Worte sein könnte, und dabei Gefahr laufen, falschzuliegen (und damit Gründe für die nächste Enttäuschung zu liefern), hilft nur eines: Nachfragen!

Wichtig ist, dass Sie nicht sofort kontern. Was würde ein „Wenn du wüsstest, wie enttäuscht ich erst bin!" oder „Immer hast du etwas auszusetzen!" bringen? Richtig, einen Streit darüber, wer wen wann um wie viel öfter enttäuscht oder etwas auszusetzen hat. Sind solche Diskussionen wirklich sinnvoll? Nein. Führen solche Diskussionen zu Ihrem angestrebten Ziel? *Haben* Sie überhaupt ein klares Ziel in einer solchen Situation?

Sie meinen, es sei besser, mit einem „Du hast ja so recht, Schatzi" zu antworten und sich gemütlich vor den Fernseher zu setzen? Sie kennen Ihre Partnerin besser, aber ich würde von diesem Vorgehen abraten. Sie merkt *wahrscheinlich*, dass Sie diese Worte nicht ernst meinen, und sie merkt *sicher*, dass Sie sich einem Gespräch entziehen wollen. Beides wird ihre Stimmung nicht heben. Also werden Sie besser eine Frage stellen: „Worum geht es denn konkret?" („Konkret" ist, wie wir dank Profitipp Nr. 62 wissen, ein Zauberwort.)

Natürlich ist die „3 R Regel" die richtige Wahl, wenn Sie nach einem Abend mit Freunden spätnachts feuchtfröhlich das Haus betreten und *genau wissen*, warum Ihre Partnerin sagt: *„Du enttäuscht mich schon sehr!"* (Reaktion) *„Es tut mir leid, dass es später geworden ist, Schatz!"* (Richtung ändern) *„Glaub mir, es ist sinnvoller, wir reden heute nicht mehr viel miteinander."* (Reden zum Ziel:) *„Gehen wir zu Bett. Ich hab dich lieb."*

Falls das Ihr Ziel ist oder falls Sie wissen, dass es Ihr Ziel sein muss, kann das dritte R auch „*Sprechen wir am besten morgen in aller Ruhe miteinander. Ich hab dich lieb.*" lauten.

Der letzte Satz (der mit der Liebe) gehört nicht mehr zur „3 R Regel". Den habe ich hineingeschmuggelt – weil man sich gar nicht oft genug sagen kann, dass man sich liebt (wenn man sich liebt!) und weil es der andere gerne hört. Dies gilt vor allem dann, wenn wir jemanden enttäuscht haben. Und wir haben immer auch die Interessen unserer (Gesprächs-)Partner im Auge, nicht wahr?

> **4. Sie verhandeln mit einem wichtigen Kunden Ihr Angebot über 100 Badewannen und er sagt: „Sie stehlen mir nur meine Zeit!"**

Ein Schlagfertigkeitsexperte rät auch hier, eine „Bombe" hochgehen zu lassen: *„Ja, genau das tue ich. Wissen Sie überhaupt, wer ich bin?"* Wird Sie dieser seltsame Satz zum Ziel führen? Oder um die provokante Frage anzuschließen: Zu welchem Ergebnis führen „Bomben"? Selten zu positiven, möchte ich meinen.

Mit der „3 R Regel" geht es eleganter: *„Das möchte ich auf keinen Fall, Herr Meyer. Ich möchte für Sie ein ideales Angebot erstellen. Darum frage ich Sie: Was genau ist Ihnen wichtig im Zusammenhang mit ..."*

> **5. Sie erklären Ihrer Kollegin Ihre Ideen, wie sie den Umsatz bei Badewannen heben könnte, und sie wirft Ihnen vor: „Sie sind immer so autoritär!"**

Jetzt wird es besonders interessant. Autoritär zu sein ist eine Eigenschaft, die an und für sich gesehen weder positiv noch negativ ist. In manchen Situationen ist es gut, wenn jemand autoritär auftritt (zum Beispiel der Polizist gegenüber einem Randalierer), in anderen ist es unpassend. Daher können manche von uns gut damit leben, wenn man sie als autoritär bezeichnet. In anderen regt sich ein negatives Gefühl und damit Widerstand. Überprüfen Sie, welches Gefühl die Aussage, Sie seien autoritär, bei Ihnen in dem Zusammenhang auslöst, in dem sie ausgesprochen wurde.

Die Reaktion kann von einem klaren *„Nein, ich bin nicht autoritär!"* (in einem autoritären Tonfall vorgebracht nicht wirklich glaubwürdig) bis zu einem klaren *„Ja, selbstverständlich bin ich autoritär."* reichen. Sie müssen sich nicht dafür rechtfertigen, sondern können sofort die Richtung ändern und in Richtung Ihres Ziels „marschieren": *„Schließlich geht es um unsere Zukunft. Daher ist es wichtig, dass wir ..."*

> **6. Ein Kollege lehnt Ihre Ideen, wie man den Umsatz bei Badewannen steigern könnte, ab. Sie wehren sich und er wirft Ihnen vor: „Sie sind immer so empfindlich!"**

So unterschiedlich die beiden Vorwürfe sind, so stark ähneln sich die Vorgehensweisen. Ganz egal, was man zu Ihnen sagt, was Sie angeblich sind: Überlegen Sie sich, welches Gefühl diese Eigenschaft in Ihnen auslöst und ob sie das in diesem Zusammenhang sein wollen. Sie entscheiden, ob diese Aussage der Realität entspricht, ein Vorwurf ist (wie es auf den ersten Blick den Anschein hat) oder gar als Kompliment zu werten ist, unabhängig davon, wie es der andere *eigentlich* gemeint hat! So ist von einem *„Nein, ich bin nicht empfindlich. Mir geht es um unsere Zukunft und da erscheint*

Folgendes besonders wichtig ...“ bis hin zu einem „Ja, selbstverständlich bin ich empfindlich. Schließlich geht es um unsere Zukunft und da ist Folgendes besonders wichtig ...“ alles möglich.

> **7. Sie schlagen Ihrem Vorgesetzten einen neuen Plan vor, wie man die Badewannen besser transportieren könnte, und er sagt: „Das geht nicht!“ (Sie wissen aber genau, dass es geht!)**

Darauf erwidern jene, die sich für schlagfertig halten, gern „Geht nicht, gibt's nicht!“ Es ist eine weitverbreitete Floskel, nicht wirklich originell, aber meist auch nicht wirklich schädlich – außer bei Menschen, die diese Antwort als Angriff verstehen. Sie denken sich dann: „Da wird mir schon etwas vorgeschlagen, bei dem mir nicht wohl zumute ist und das ich daher verhindern möchte. Und dann werde ich auch noch angegriffen!' Diese Menschen werden dann ungehalten und legen sich erst recht quer.

Sie wissen sicherlich aus eigener Erfahrung, dass sich manche auf Neues mit Begeisterung stürzen. Ihnen käme ein „Das geht nicht!“ erst über die Lippen, wenn sie wirklich alle Wege ausprobiert hätten. Viele andere hingegen fürchten sich vor Neuem, könnte es doch Unbequemlichkeit, Mehrarbeit, Kosten, Risiken oder ein Über-den-Tellerrand-Hinausdenken mit sich bringen. Es ist keine gute Idee, diesen Personen auch noch das Gefühl zu geben, sie würden attackiert. Viel besser ist es, die Zauberformel „Ich verstehe“ ins Rennen zu schicken: „Ich verstehe Ihre Bedenken.“ Eine Frage ist auch gut: „Was genau sind Ihre Bedenken?“ Oder Sie stellen das Gemeinsame in den Vordergrund und antworten: „Das dachte ich anfangs auch! Jetzt habe ich folgende neue Erkenntnisse ...“

> 8. Sie haben einem Kunden 100 Badewannen geliefert, die er nicht bezahlt hat. Nun sagt er: „Wir sind eine kleine Firma – Ihre Forderung bedeutet unseren sicheren Bankrott."

Was haben Sie geschrieben? Eine Reaktion, die so ähnlich klingt wie „Das wird schon nicht so schlimm sein" oder ein kaltes „Das ist ja wohl Ihr Problem"?

 ### Profitipp Nr. 101

Spricht jemand über seine angespannte finanzielle Lage, reichen rhetorische Tricks meist nicht aus. Die zentrale Frage lautet in diesem Fall: „Sagt er am Ende gar die Wahrheit?" Dann muss man sich einen Einblick in die finanzielle Lage verschaffen.

Es nützt in der Regel nichts, wenn Sie einen Geschäftspartner in die Insolvenz schicken, außer sie wollen, dass er von der Bildfläche verschwindet. Von insolventen Firmen bekommen sie häufig gar nichts mehr. Wenn es dem Geschäftspartner, der Ihnen Geld schuldet, finanziell schlecht geht, dann ist das nie nur sein Problem. Nehmen wir an, das Unternehmen, das Ihnen Geld schuldet, steht zwar nicht so schlecht da, dass es wegen Ihrer Rechnung in die Insolvenz schlittert, aber die Lage ist angespannt. Sie werden bei der Antwort diplomatischer vorgehen als bei großen, multinationalen Konzernen, die Ihre Badewannenrechnung in Wahrheit höchstens ein Schulterzucken kostet.

Ist die Lage angespannt, aber nicht hoffnungslos, so würde ich mit Verständnis reagieren und eine gemeinsame Lösung anstreben: *Ich verstehe*, dass Sie sich derzeit in einer schwierigen Lage befinden. Überlegen wir gemeinsam*, wie wir zu einer Lösung kommen, die für Sie* am besten ist. Was halten Sie von einer Ratenzahlung?"*

Das dritte R könnte auch lauten: *„Was schlagen Sie als tragfähige Lösung vor?"*
* Sicher haben Sie die drei Zauberwörter bemerkt.

---

9. Sie haben einem Kunden 100 Badewannen geliefert, die einen Konstruktionsfehler haben. Nun sagt er: *„Ich werde den Fall der Presse mitteilen!"*

Profitipp Nr. 102

Bei Drohungen aller Art ist es gut, zuerst durchzuatmen und nachzudenken. Wie gefährlich ist diese Drohung wirklich? Welcher Schaden droht, wenn diese Drohung wahrgemacht wird? Je gefährlicher die Drohung zu sein scheint, desto wichtiger ist die Frage: Können Sie die Folgen alleine abschätzen? Bei Zweifeln sollten Sie Informationen einholen und Rücksprache mit einem Vorgesetzten halten.

Manche Drohungen können so gefährlich sein, dass man besser nachgibt, da die Konsequenzen sehr unerfreulich wären, wenn man es nicht täte. Dabei muss man sich aber immer vor Augen halten, dass eine Drohung, bei der man einknickt, weitere Drohungen nach sich ziehen kann.

⚠ Daher: Wenn einer Ihrer Geschäftspartner merkt, dass man bei Ihnen mit Drohungen zum Ziel kommt, kann er auf die Idee kommen, diese Strategie auch in Zukunft anzuwenden.

Es könnte auch sein, dass Sie von der Drohung nicht im Mindesten eingeschüchtert sind, aber auch keine Lust haben und keine Notwendigkeit sehen, mit einem Drohenden weitere Verhandlungen zu führen. Dann können Sie genau das aussprechen und auf weitere Gespräche (und Geschäfte) verzichten. Passen Sie aber bitte auf, dass hier nicht der „Beleidigte-Leberwurst-Faktor" (Profitipp Nr. 46) zuschlägt und Sie auf gute Geschäfte oder wichtige Kontakte verzichten, „nur" weil jemand eine Drohung ausspricht und Sie „auch Ihren Stolz haben".

In die Antwort mit der „3 R Regel" würde ich wieder eine Hand voll Zauberwörter einbauen: *„Das steht Ihnen natürlich frei, Herr Meier"* oder *„Ich denke nicht, dass das unser Problem lösen würde"* als Reaktion, dann *„Ich bin jedoch zuversichtlich, dass wir gemeinsam eine für Sie zufriedenstellende Lösung finden werden."* Und als drittes R, das Reden zum Ziel, mache entweder ich einen Vorschlag oder frage ihn nach seinem konkreten Lösungsvorschlag.

> **10. Sie verhandeln mit einem Kunden und er sagt: „Ich spreche wohl besser mit Ihrem Vorgesetzten!" (Das möchten Sie keinesfalls.)**

Hier haben wir die nächste Drohung, allerdings eine, die die Leute eher wahr machen als die in Beispiel 9. Sie hat keine Breitenwirksamkeit, kann aber für Sie dennoch gefährliche Auswirkungen haben. Dies gilt insbesondere dann, wenn sich der Kunde über Sie beschweren möchte oder wenn der Chef ausdrücklich gesagt hat, dass er diesen Kunden nicht sehen will.

Die oft verwendete Ausrede *„Mein Vorgesetzter ist leider nicht im Haus"* (oder *„im Urlaub"* oder *„in einer Besprechung"* oder *„verstorben"*) halte ich nicht für die beste Lösung. Manche Leute haben Geduld und warten. Außerdem verbessert das Ihre Position nicht.

Profitipp Nr. 103

Es ist zielführend, Abwesende verbal in die Verhandlung „hereinzuholen". Dies ist vor allem dann von Vorteil, wenn der Gesprächspartner deren Anwesenheit (vergeblich) wünscht.

Wie funktioniert das? Durch Aussagen wie: *„Mein Vorgesetzter ist über alles informiert!"* (bei Beschwerden). Dies sollte im Idealfall auch so sein. Oder *„Dieses Vorgehen ist mit meinem Vorgesetzten abgesprochen.", „Dieser Vorschlag stammt von meinem Vorgesetzten!", „Mein Vorgesetzter und ich haben diesen Vorschlag extra für Sie ausgearbeitet."*
Ich bin bei Reklamationsverhandlungen sogar so weit gegangen, dass ich auf den Wunsch, meinen Vorgesetzten sprechen zu wollen, mit einem *„Das würde ich an Ihrer Stelle nicht tun. Mein Chef sieht die Dinge enger als ich!"* reagiert habe.

⚠ Eine derartige Antwort ist natürlich nur dann sinnvoll (und der Karriere nicht abträglich), wenn Ihr Chef gut damit leben kann, sollte er davon erfahren.
Nach einer der genannten Reaktionen weiß Ihr Gegenüber, dass es keinen Sinn hat, mit dem Vorgesetzten zu sprechen, weil dieser keine andere Meinung vertreten wird. Er wird somit eher bereit sein, Ihnen auf den roten Faden zu folgen. Also schnell die restlichen beiden Rs: *„Darum kommen wir am besten zu den weiteren Details. Diese Badewanne hat den Vorteil ..."*

11. Sie wollen einen Hoteldirektor von einer nagelneuen Hightech-Badewanne überzeugen und er sagt: „Leute aus Ihrer Branche wollen einen doch nur über den Tisch ziehen!"

Mit solchen Aussagen sind vor allem, aber natürlich nicht nur, Versicherungsvertreter, Bankangestellte oder Immobilienmakler besonders oft konfrontiert. Zeigen Sie mit Ihrer Reaktion, dass Sie die Befürchtungen Ihres Gegenübers ernst nehmen: *„Es tut mir leid, dass Sie schlechte Erfahrungen gemacht haben"* oder *„Es gibt leider immer und überall schwarze Schafe"* ist beziehungsdienlicher als „Hören Sie doch auf mit Ihren Pauschalverurteilungen!" oder einem schlagfertigen „Ich kann auch nichts dafür, wenn Sie so blauäugig sind und auf irgendwelche Gauner hereinfallen!" Bereits die Richtungsänderung können Sie dazu nutzen, auf Ihre Stärken zu sprechen zu kommen und sofort am roten Faden weiterzuverhandeln: *„Darum sind Sie jetzt zu uns gekommen. Welche Informationen brauchen Sie noch, um einen Kauf in Erwägung zu ziehen?"*

> **12. Sie wollen einen Hoteldirektor von einer nagelneuen High-tech-Badewanne überzeugen und er sagt: „Nein, das ist mein letztes Wort!" Für Sie wäre der Auftrag aber besonders wichtig.**

Das ist natürlich eine ganz klare Aussage und ich kann Ihnen nicht versprechen, dass Sie jedes „Nein" in ein „Ja" umwandeln können. Es ist jedoch zumindest meistens einen Versuch wert. Wenn jemand „Nein" sagt, dann haben Sie verschiedene Möglichkeiten.
Sie können eine gezielte Frage stellen: *„Was müsste geschehen, dass aus diesem Nein doch noch ein Ja wird?"* oder *„Was kann ich dazu beitragen, Sie umzustimmen?"*.
Mit der „3 R Regel" kann es gelingen, das Ganze auf die „Zeitschiene" zu bringen, also so zu reagieren, als hätte er gesagt: *„Ich will das Gespräch beenden, weil ich keine Zeit habe"* statt des tatsächlichen: *„Ich will das Gespräch beenden, weil ich mit Ihrem Vorschlag nicht einverstanden bin."* Sagen Sie: „Ich verstehe, dass Sie zu einem

255

SCHLAGFERTIG WAR GESTERN!

Ende kommen wollen!" Das hat er zwar nicht gesagt, es ist jedoch ein lohnender Versuch, dem „Nein" einiges von seiner Schärfe zu nehmen. Und weiter: *„Gehen wir daher schnell** (*auf der Zeitschiene ein Zauberwort) *die wichtigen Punkte noch einmal durch. Da ist zum einen …".*

Sie können natürlich auch mit *„Das wäre aber schade"* oder *„Sparen wir uns bitte noch das letzte Wort"* reagieren. Jetzt wäre es allerdings hilfreich, wenn Sie noch ein oder zwei kleine Trümpfe im Ärmel hätten, um die Richtung zu ändern: *„Sie kennen noch gar nicht den Vorteil XY. Mit diesem können Sie …"*

---

13. Sie wollen einen Hoteldirektor überzeugen und sagen „Ich habe mir gedacht, wir könnten …" Er fällt Ihnen ins Wort: „Das Denken überlassen Sie bitte mir!"

Haben Sie ein schlagfertiges *„Würde ich ja gerne, aber Sie können es nicht!"* notiert? Wird das die Beziehung zum Direktor verbessern? Nein, es wird sie nicht einmal gleich gut halten. Also ist es besser, auf solche Antworten zu verzichten. Andererseits brauchen Sie sich aber auch nicht alles gefallen zu lassen. Das haben wir anhand der Geschichte „Gabriele, die Reifen, die Hühner und das Hirn" herausgearbeitet. Und Sie brauchen sich auch nicht das Denken verbieten zu lassen. Wie gefällt Ihnen mein Vorschlag? *„Herr Meier, am besten wird es sein, wir denken beide. (Reaktion) Und darum stelle ich Ihnen gleich die Frage: (Richtungsänderung) Was ist Ihnen bei Ihren Suiten besonders wichtig? (Frage in Richtung Ziel)"*

> **14. Sie verhandeln mit einem wichtigen Kunden Ihr Angebot über 100 Badewannen und er will, dass Sie zehn Prozent Nachlass gewähren: „Sonst gehe ich zur Konkurrenz!"**

Fangen Sie bitte nicht sofort das Feilschen an (*„Ich gebe Ihnen drei Prozent!"*). Bedenken Sie: Alles, was wir bei Drohungen im Beispiel 9 besprochen haben, gilt auch für Erpressungen. Überlegen Sie sich: Wie ernst zu nehmen ist die Aussage, zur Konkurrenz zu gehen? Und: Wie gravierend wären die Auswirkungen für Sie?

„Wir haben keine ernst zu nehmende Konkurrenz" oder *„Zur Konkurrenz würde ich an Ihrer Stelle nicht gehen"* oder *„Ich kann mir nicht vorstellen, dass ein erfahrener Mann wie Sie einen solchen Schritt ernsthaft in Erwägung zieht"* sind taugliche Reaktionen. Und dann ändern wir die Richtung und führen ihm (eventuell nach den Nachteilen, die er hätte, würde er woanders kaufen) die Vorteile vor Augen, die er genießt, wenn er bei uns bleibt.

Wäre unser eigener Schaden größer, wenn er zur Konkurrenz ginge, kann entweder die „3 R Regel" zum Einsatz kommen: *„Das wäre aber schade. Denn* (bringen wir eine unserer Stärken ins Spiel) *für Sie ist die prompte Lieferung wichtig. Ich kann Ihnen zusagen, dass wir den Ersten des kommenden Monats schaffen, wenn Sie uns heute den Auftrag geben."*

Alternativ dazu können Sie seinen Satz mit einer Frage kontern: *„Warum genau wollen Sie zehn Prozent?"*

Diese Frage kommt Ihnen sinnlos vor? Sie denken: „Warum wohl wird er einen Nachlass wollen? Um Geld zu sparen, natürlich!"? Aufschlussreich dazu ist die folgende Geschichte:

Thomas und der Preisnachlass

Thomas hat einen Sanitärgroßhandel und beliefert Händler mit Badewannen, aber auch allen anderen Produkten für

Bad und Toilette. Bei seiner ersten Verhandlung nach meinem Verhandlungstraining fragte ihn der Kunde nach einem
Preisnachlass. Thomas erinnerte sich an meine Worte und
fragte: „Warum genau wollen Sie einen Preisnachlass?"
„Weil wir auch noch einiges Geld in die neue Schaufenster-
gestaltung stecken müssen", lautete die Antwort, „diese
Kosten wollen wir nicht alleine tragen."
Thomas schrieb mir eine begeisterte E-Mail: „Danke für den
Tipp, Frau Rauchberger! Ich habe dem Kunden keinen Preis-
nachlass gewährt, sondern ihn mit Aufstellern und Licht-
effekten versorgt, die wir ohnehin für diese Zwecke auf
Lager haben. So ersparte ich mir einen Batzen Geld."

Wie gesagt: Gehen Sie nicht davon aus, dass Sie immer wissen, was
jemanden zu einer Aussage bewegt. Fragen Sie lieber nach.
Jetzt bleibt uns noch, uns das Beispiel aus dem Schlagfertigkeitsbuch anzusehen. Erinnern Sie sich?

15. Sie unterbreiten Ihrem Vorgesetzten einen neuen Konstruktionsplan für Badewannen und er sagt: „Sie machen immer den
gleichen Fehler."

Haben Sie einen eleganten Weg ohne Schlagfertigkeit, die dem Ziel
abträglich wäre, gefunden?
Nehmen wir an, Sie haben tatsächlich einen Fehler begangen, vielleicht sogar tatsächlich zum wiederholten Male. Dann ist eine Entschuldigung fällig: „Sie haben recht, es tut mir leid!" Richtungsänderung: „Ich werde mich bemühen, dass so etwas nicht mehr vorkommt."
Dann geht es weiter in Richtung Ziel. Je nach Zusammenhang kann

auch ein *„Was raten Sie mir, was ich das nächste Mal bedenken soll?"* zielführend sein oder Sie sagen, was Sie machen werden.
Sie haben keinen Fehler begangen? Dann brauchen Sie sich natürlich nicht zu entschuldigen, auch nicht vorsichtshalber oder „um des lieben Friedens willen".

Profitipp Nr. 104
Sich zu entschuldigen, obwohl man sich nichts hat zuschulden kommen lassen, ist in der Regel keine gute Idee, denn auch das kann einen negativen Einfluss auf Ihre eigene Glaubwürdigkeit haben.

Darum lassen Sie es lieber bleiben. Wenn Sie also keinen Fehler begangen haben, dann stellen Sie das klar: *„Das ist kein Fehler"* oder abgemildert in der Form: *„Es tut mir leid, aber das ist kein Fehler"*, um dann wieder zum roten Faden zurückzukehren: *„Ich habe diese Vorgehensweise ganz bewusst gewählt, um …"*
Ist doch alles gar nicht so schwierig, wenn man einmal den Dreh raus hat, nicht wahr? Und das Schöne daran: Ich brauche mir nicht viele unterschiedliche Techniken merken, die „3 R Regel" ist ein Mittel für (fast) alles. Allerdings gilt auch hier, wie bei vielem im Leben:

Profitipp Nr. 105
Wenn Sie die „3 R Regel" in Ihren Alltag so integrieren wollen, dass sie Ihnen bei Bedarf „ganz automatisch" zur Verfügung steht, dann hilft nur eines: üben, üben, üben.

Freuen Sie sich also auf alles, was man zu Ihnen sagt, denn es ist jeweils eine gute Gelegenheit, Ihre Professionalität beim Anwenden der „3 R Regel" zu erhöhen. Auf diese Weise können Sie Attacken und dummen Bemerkungen sogar einen Sinn abgewinnen. Außerdem dämpft diese Sichtweise die negativen Emotionen.

Sie haben es sicher schon gemerkt: Bei der „3 R Regel" gibt es immer mehrere Varianten. Die Bandbreite reicht von der schlichten Variante „Hauptsache ich komme schnell zum roten Faden zurück" bis hin zu „Ich komme sehr elegant zum roten Faden zurück".
Damit Sie nachvollziehen können, was ich meine, schnell noch ein weiteres Beispiel:

> Der Hoteldirektor will den Preis drücken: „Eine so attraktive Frau wie Sie wird doch nicht so unnachgiebig sein!"

Schlichte Variante „Aha (Geheimnis der zwei Silben). Gehen wir die Preisstaffelung noch einmal durch. Wenn Sie hundert Stück abnehmen ..."
Elegantere Variante: „Herzlichen Dank für das nette Kompliment!" Ein strahlendes Lächeln. „Sie werden sehen, unsere Preise sind mindestens ebenso attraktiv. Wenn Sie hundert Stück abnehmen ..."
Sie merken es: Auch die schlichte Variante reicht aus, um zum roten Faden nicht nur zurückzukehren, sondern darauf weiter in Richtung Ziel zu verhandeln. Also keinen Stress, mit der Zeit werden Ihre Antworten, wenn Sie darauf Wert legen, immer eleganter werden. Jetzt fragen Sie sich vielleicht: Gibt es nicht ...

B. Reaktionen und Richtungsänderungen, die so gut wie immer passen

Ja, die gibt es. Sie sind zwar nicht immer die elegantesten und schon gar nicht die originellsten Sätze, aber das müssen sie bekanntlich auch nicht sein.

1. Reaktionen, die so gut wie immer passen

Profitipp Nr. 106
Reaktionen, die so gut wie immer passen, sind Sätze, deren zweiter Teil aus „dass Sie das so sehen" besteht.

„Das überrascht mich, dass Sie das so sehen" oder „Interessant, dass Sie das so sehen" oder „Das tut mir leid, dass Sie das so sehen". Hier ist der zweite Halbsatz besonders wichtig! Um zu unserem Ausgangsbeispiel zurückzukehren: „Sie haben ja ein Spatzenhirn!" mit „Das tut mir leid!" zu beantworten, hieße, Sie bestätigen, ein Spatzenhirn zu haben. Durch den zweiten Halbsatz „... dass Sie das so sehen!" ändert sich die Bedeutung schlagartig.

2. Richtungsänderungen, die so gut wie immer passen
„Kommen wir zurück zum Thema" oder „Wir sprechen gerade über ..." oder „Unser Thema heute ist ..."
Und dann reden Sie gleich weiter, am roten Faden entlang.

Profitipp Nr. 107
Am besten ist es, Sie lernen eine Reaktion und eine Richtungsänderung als *Phrase* auswendig. Wenn Ihnen in einer brenzligen, emotionalen, unangenehmen oder gefährlichen Situation nichts Besseres einfällt, dann lassen Sie diese Sätze vom Stapel und verhandeln am roten Faden weiter.

C. Der Einsatz der „3 R Regel" bei Geschwafel
Es müssen nicht immer Attacken sein, die uns Zeit und Nerven kosten. Manchmal wechselt unser Gegenüber einfach das Thema und wir finden nicht mehr (so schnell) zurück.

> 16. Sie wollen Ihrer Kundin eine Badewanne verkaufen und sie sagt: „Diese Wanne erinnert mich an einen Film, den ich kürzlich gesehen habe, mit Brad Pitt. Haben Sie den in letzter Zeit gesehen? Ich sage Ihnen, die Frau tut ihm nicht gut. Und dann erst die Kinder ...“

Zuvorkommende Zeitgenossen meinen, hier mit folgendem Vorschlag zu punkten: „Unterhalten wir uns zuerst über unser Thema, im Anschluss an die Verhandlung können wir uns in Ruhe über Hollywood austauschen."

Gute Idee? Ja. Aber nur, wenn Sie im Anschluss auch wirklich über Hollywood reden wollen. Wie sagte Profitipp Nr. 93? Versprechen Sie nichts, was Sie nicht halten können oder wollen – und zwar auch dann nicht, wenn sie hoffen, dass der andere später ohnehin nicht mehr daran denkt.

Es gibt Menschen, die so einen – nett gemeinten – Vorschlag mit einem brüsken „Denken Sie, ich habe ewig Zeit?“ zurückweisen, obwohl *sie* es waren, die das Brad-Pitt-Thema auf den Tisch gebracht haben. Darum würde ich lieber höflich, aber bestimmt zur „3 R Regel“ greifen und in der Reaktion das Geschwafel des anderen mit einem – möglichst positiven – Eigenschaftswort bedenken, bevor ich die Richtung ändere: *„Ja, Brad Pitt und die Kinder – ein spannendes Thema. Fast so spannend wie unsere Badewannen hier. Haben Sie sich schon überlegt, welche Farbe Sie gerne hätten?“*

Meine lieben Leserinnen und Leser, unser gemeinsames Coaching nähert sich dem Ende. Es bleibt uns gerade noch Zeit, Ihren Anfangstest gemeinsam durchzugehen. Also schlagen Sie bitte Kapitel III. auf. Ich warte auf Sie in Kapitel XXIII.

Die Überschrift gilt natürlich nur,

- wenn Sie das wollen,
- wenn Sie ziel- und beziehungsorientiert denken,
- wenn Sie das umsetzen, was wir in diesem Buch besprochen haben.

Nun zu den einzelnen Punkten aus Kapitel III. Welche hatten Sie angekreuzt? Hier meine Gedanken dazu:

1. Ich verhandle sehr selten oder eigentlich gar nicht.

Sie wissen es längst: Fast jedes Gespräch ist eine Verhandlung. Gut, dass Sie sich jetzt bei Verhandlungen auskennen.

2. Leider bin ich zu wenig schlagfertig. Daher halte ich oft den Mund.

Es geht nicht darum, schlagfertig zu sein. Es geht darum, zu überlegen: „Habe ich etwas zu sagen?" Können Sie diese Frage bejahen, dann wäre es (meist) schade, wenn Sie den Mund hielten. Formulieren Sie deshalb vorab Ihr Ziel, überdenken Sie Ihre Alternativen und reden Sie – am roten Faden entlang.

3. In der Liebe und beim Verhandeln ist jedes Mittel erlaubt.

Wer hat Ihnen denn den Unsinn eingeredet? Es sind nur jene Mittel erlaubt, die nachhaltigen Erfolg garantieren und die Beziehung zumindest nicht gravierend verschlechtern.

4. Mit Schlagfertigkeit beweise ich Mut.

Ja, das behaupten Schlagfertigkeitsexperten gerne, und oft stimmt es auch. Nur ist Mut leider nicht die einzige und auch nicht die wichtigste Eigenschaft, die wir in Verhandlungen benötigen. Was nützt der größte Mut, wenn er mich vom Ziel wegbringt?

5. Ich bemühe mich zwar um Gelassenheit, aber wenn mir jemand blöd kommt, kann ich schon ausrasten.

Das ist nur zu verständlich und menschlich, es ist aber leider selten sinnvoll. Rasten Sie nur dann an Ort und Stelle aus, wenn es unbedingt sein muss und wenn Sie wissen, dass Ihnen die Kurve zum roten Faden zurück dennoch (oder gerade deshalb) gelingen wird. Bleiben Sie beim Ausrasten hart in der Sache und verzichten Sie darauf, Ihr Gegenüber zu beschimpfen.

Falls dies alles nicht gewährleistet ist, dann verschieben Sie das Ausrasten bitte auf einen späteren Zeitpunkt und beschimpfen Sie meinetwegen Ihr Sofakissen oder was Sie sonst gerade zur Hand haben – das dafür aber ausgiebig!

6. Ich verhandle mit allen Menschen auf die gleiche Art und Weise.

Warum? Menschen sind verschieden. Sie behandeln doch auch nicht alle Tiere gleich. Oder gehen Sie mit Ihrem Kanarienvogel an der Leine Gassi? Natürlich ist es gut, mit einer Mächtigen anders zu verhandeln als mit einem Unsicheren, mit einem Amerikaner anders als mit einer Chinesin. Wenn Sie jedoch das „gleich verhandeln" so interpretiert haben, dass Sie jederzeit Ihr Ziel vor Augen haben und die Beziehung verbessern wollen, egal wer Ihnen gegenübersitzt, dann haben Sie wiederum völlig recht.

7. Oft gehe ich in Verhandlungen und weiß nicht, was ich wirklich will.

Das kann sehr gefährlich werden. Wollen Sie dem anderen den Vorteil verschaffen, Ihnen etwas einreden oder Sie in eine Richtung drängen zu können, die nicht die beste für Sie ist? Sicherlich nicht. Also überlegen Sie sich bitte im Vorfeld Ihre Ziele und Alternativen.

8. Ich verhandle so oft, dass ich mich nicht mehr vorbereiten muss.

Das lasse ich bei absoluten Routineverhandlungen selbstverständlich gelten. Die Marktfrau muss sich nicht jeden Tag aufs Neue darauf vorbereiten, ihren Kohlrabi an den Mann zu bringen.
Für alle anderen gilt: Mit diesem Satz machen Sie sich etwas vor. Und Sie leisten damit – ich muss es so hart sagen – Ihrer eigenen Selbstüberschätzung und Faulheit Vorschub.
Es ist unumgänglich, dass Sie bereits im Vorfeld Ihre Interessen und Alternativen überdenken und auf dieser Grundlage konkrete Ziele formulieren. Wenn Sie im Team verhandeln, müssen alle auf dieselben Ziele eingeschworen werden, damit nicht jeder sein eigenes Süppchen kocht. Ein *Verhandlungsführer* muss ausdrücklich festgelegt werden.

Profitipp Nr. 108

Ein Verhandlungsführer ist nicht unbedingt der, der am meisten redet. Er ist der, der stets dafür sorgt, dass der rote Faden verfolgt wird. Dazu erteilt er das Wort an seine Kollegen, wenn diese in gewissen Punkten besser bewandert sind – und er holt sich das Wort wieder zurück, wenn er es für richtig hält.

Über all das muss im Vorfeld unbedingt Einigkeit hergestellt werden. Wenn Sie alleine verhandeln, dann sind Sie Ihr eigener Verhandlungsführer. Denken Sie bitte daran: Was Ihnen in der Ruhe der Vorbereitung nicht einfällt, fällt Ihnen im Stress der Verhandlung erst recht nicht ein.

9. Wenn die Emotionen hochkochen, gebe ich lieber nach.

Damit hat Ihr Gegenüber leichtes Spiel. Finden Sie das gerecht? Falls nicht, dann ziehen Sie bitte die gedankliche grüne Trennlinie aus Kapitel VI. Wenn möglich: Machen Sie eine Pause, bevor Sie weiterverhandeln und sich zum Nachgeben verleiten lassen. Ist eine Pause nicht möglich: Verändern Sie ganz bewusst Ihre Sitzposition.

10. Mich ruft oft jemand an und will sofort eine Entscheidung von mir.

Das kenne ich, dieses „Ich muss das sofort wissen!" am Telefon. Oder die Kollegen, die einen auf dem Flur abfangen: „Frau Rauchberger, es dauert nicht lange. Soll ich A machen oder finden Sie B sinnvoller?" Und ich stehe da, in Gedanken ganz woanders, und soll auf Knopfdruck etwas Gescheites und natürlich vollkommen Richtiges vorschlagen. Stellen sich meine Worte im Nachhinein als unrichtig heraus oder habe ich in der Eile nicht die allerbeste Lösung vorgeschlagen, dann sagt keiner: „Sie kann nichts dafür, ich habe sie überrumpelt!", sondern es heißt: „Wie konnte sie nur?"

Wenn es wirklich, wirklich brennt – wenn also Gefahr im Verzug ist, wenn nicht sofort etwas geschieht – und Sie die zuständige Person sind, um diese Gefahr abzuwehren, dann müssen Sie die Entscheidung rasch treffen. Verlassen Sie sich dabei auf Ihre Erfahrung, Ihr Wissen und Ihre Intuition.

Wenn Sie nicht der dafür Zuständige sind, verweisen Sie auf den Richtigen und helfen Sie, wenn es wirklich wichtig und dringend ist, dabei, diesen aufzutreiben. Fällen Sie keine Entscheidung über den Kopf des Zuständigen hinweg. Sie schaffen dadurch nur weiteres Konfliktpotenzial.

Profitipp Nr. 109

In allen anderen Fällen, das heißt, wenn Sie zwar zuständig sind, es aber nicht wirklich brennt, gilt: Hören Sie sich alles an und stellen Sie die Fragen, die Ihnen helfen, sich ein klares Bild zu machen. Wenn Sie jetzt reinen Gewissens eine Entscheidung treffen können, gut. Dann tun Sie es. Falls nicht, auch gut. Dann sagen Sie klipp und klar, was Sie jetzt machen werden.

Also etwa: *„Ich werde mir die Sache durch den Kopf gehen lassen."* oder *„Ich werde die Fakten prüfen."* Dann nennen Sie den Zeitpunkt der Erledigung, also entweder: *„Bitte rufen Sie mich am Mittwoch noch einmal an. "* (wenn der andere etwas will) oder *„Ich melde mich am Mittwoch wieder bei Ihnen."*
Bemessen Sie die Frist, die Sie sich für die Erledigung setzen, lieber etwas großzügiger. Niemand ist Ihnen böse, wenn Sie es vorzeitig schaffen, doch jeder nimmt es Ihnen übel, wenn Sie eine selbst gesetzte Frist überziehen.
Will der andere Ihre Antwort nicht akzeptieren und besteht auf Ihrer sofortigen Antwort, hilft es, mit der Reaktion in seine Interessen hinein zu argumentieren: *„Diese Sache ist so wichtig. "* oder auch

„Sie, als unser Stammkunde, sind so wichtig." Und dann ändern Sie
die Richtung: „Darum hat hier ein Schnellschuss keinen Sinn. Ich
melde mich am Montag. Ist es Ihnen lieber per Telefon oder soll ich
Ihnen eine E-Mail schicken?" („3 R Regel")

**11. Mir ist egal, was der andere möchte. Ich konzentriere
mich darauf, was ich will und wie ich es erreiche.**
Jetzt, nach diesem Buch, nicht mehr, oder? Sonst lesen Sie es bitte
noch einmal durch. Ganz langsam. Wie wollen Sie die richtigen
Argumente finden und überzeugen, wenn Sie nicht wissen, was für
den anderen wichtig ist?

**12. Mir tun meine Gesprächspartner oft leid.
Da kann ich nicht hart bleiben.**
Das ist lieb, aber dumm. Und es dankt Ihnen keiner. Ziehen Sie die
gedankliche grüne Trennlinie zwischen Sache und Person. Wenn
Ihnen Ihr Gegenüber leidtut, dann seien Sie zu ihm, was immer Sie
wollen: besonders höflich, besonders geduldig, besonders ver-
ständnisvoll. Bleiben Sie jedoch in der Sache zielorientiert.

13. Ich bin immer gnadenlos ehrlich.
Mag Sie noch jemand? Sagen Sie zu Ihren Mitmenschen tatsächlich
so ehrliche Dinge wie: „Sie sind aber hässlich!"?
Nie würde ich sagen, Sie sollen ihre Mitmenschen anlügen. Doch es
gilt auch: Nie würde ich sagen, Sie sollen immer gnadenlos ehrlich
sein. Meiner Erfahrung nach geben sich die Personen, die von sich
behaupten, immer ehrlich zu sein, selbst den Freibrief dafür, andere
vor den Kopf zu stoßen. Frei nach dem Motto: „Ich musste ihm
sagen, dass er so intelligent ist wie ein Stück Brot. Ich bin eben ehrlich, ich kann nicht anders." Wir hingegen haben den Anspruch, dass
die Beziehung zumindest gleich gut bleibt. Also werden wir so man-
ches nicht sagen. Das ist nicht unehrlich, sondern sozial kompetent.

14. Eine Entschuldigung ist ein Zeichen von Schwäche.

Nein, es ist ein Zeichen von Stärke. Wenn Sie diesen Satz angekreuzt haben, dann denken Sie daran, dass eine Entschuldigung die beste Investition in eine Verhandlung sein kann. Kurz und ehrlich gemeint und dann geht es entweder in Richtung „Ursachenforschung" oder gleich in Richtung „Lösungsfindung". In Richtung „Rechtfertigung" sollte es besser nicht gehen.

15. Wenn ich einen Fehler gemacht habe, dann spiele ich ihn herunter: „Regen Sie sich nicht auf!" oder „Daran sind Sie selbst schuld!"

Schnell noch einmal nachlesen, was wir soeben bei Punkt 14 besprochen haben.

16. Wenn jemand schreit, schreie ich zurück.

Worauf dann der wieder schreit, worauf dann ich wieder schreie. Eine sehr gute Idee – aber nur dann, wenn ein Schreiduell Ihr Ziel ist oder wenn zwischen Ihnen beiden das Schreien ein Ritual ist, das Sie (beide!) immer brauchen, bevor es konstruktiv wird. Ich schreie prinzipiell nicht zurück.

Profitipp Nr. 110

Brüllen ist ein Zeichen von Schwäche. Wenn jemand brüllt und ein Zurückbrüllen bleibt aus, dann benimmt sich ausschließlich der Brüllende schlecht. Mit jedem Zurückbrüllen liefere ich ihm nur eine Rechtfertigung für sein schlechtes Benehmen.

Dazu habe ich nicht die geringste Lust. Alles Weitere steht in Kapitel XIII.

17. Ich gebe lieber nach, bevor mir der andere böse ist.
Würden Sie bitte bei Punkt 9 nachsehen und in Zukunft die gedankliche grüne Trennlinie ziehen? Und eines noch: Niemand mag Sie, nur weil Sie immer nachgeben. Im Gegenteil, es besteht die Gefahr, dass Sie niemand ernst nimmt.

18. Wenn ich ein Gespräch beginne, dann will ich mich noch gar nicht festlegen, was ich erreichen will. Ich lasse mich lieber überraschen.
Auch ich liebe Überraschungen! Aber nicht bei Verhandlungen. Da will ich meinen Weg (= roten Faden) kennen und meine Ziele erreichen. Überraschungen warten meist dennoch auf mich. Doch je besser ich vorbereitet bin, desto gelassener und erfolgreicher kann ich damit umgehen.

19. Bevor ich verhandle, kenne ich mein Ziel.
Bravo! Sehr gut. Und bitte auch noch die Alternativen dazu. Wenn wir keine Alternativen haben (oder kennen), besteht die Gefahr, dass wir wie ein Kutschpferd mit Scheuklappen auf dieses Ziel losgaloppieren und die Chancen rechts und links des Weges nicht wahrnehmen. Wenn wir merken, dass wir das Ziel nicht erreichen, greifen wir dann zur Steinzeitkeule. Beides ist nicht optimal. Durch geeignete Alternativen schaffen wir uns einen größeren Handlungsspielraum. Das stärkt wiederum unsere Selbstsicherheit. Und diese wiederum hilft uns, unser ursprüngliches Ziel gekonnter anzusteuern.

20. Für eine originelle Wortmeldung nehme ich auch beleidigte Gesichter in Kauf.
Schlagfertig war gestern. Punkt.

21. Vor einer Verhandlung überlege ich mir immer, was ich tue, wenn ich mein Ziel nicht erreiche.

Dann machen Sie schon, was ich bei Punkt 19 herausgestrichen habe: Sie überlegen sich Alternativen. Gut so. Außerdem ist es klug, in der Vorbereitung den „Worst Case" zu durchdenken, also das, was schlimmstenfalls passieren kann. Das gibt Ihnen die Möglichkeit, zu überprüfen, ob die Konsequenzen wirklich so schlimm sind wie befürchtet. Und es hilft Ihnen dabei, alles zu tun, dass dieser „Worst Case" nicht eintritt.

22. Es kann nur einen Sieger geben. Und das bin ich.

Träumen Sie weiter! Oder nein: Wachen Sie auf! Es sei denn, Sie sind ein Monopolist und können tatsächlich alle nach Ihrer Pfeife tanzen lassen. Oder Sie sind der Diktator von Nordkorea. In diesem Fall mag es zutreffen. Für alle anderen gilt: Ergebnisse sind dann besonders nachhaltig, Geschäftsbeziehungen dann besonders zukunftsträchtig, wenn *alle* Beteiligten mit den Ergebnissen zufrieden sind.

23. Am besten ist es, die Gegenseite anzugreifen, um ihr den Schneid abzukaufen.

Diese Strategie ist mit Kosten verbunden. Und was genau kostet sie? Meistens das bestmögliche Ergebnis, immer die Beziehung. Mir wäre der Preis dafür zu hoch.

24. Wenn ich mit jemandem in einer wichtigen Frage nicht einer Meinung bin, dann ist es unter meiner Würde, mit dieser Person zum Mittagessen zu gehen.

Haben Sie vielleicht „auch Ihren Stolz"? Dann lesen Sie schnell bei Profitipp Nr. 46 weiter. Halten Sie sich bitte immer Ihr Ziel vor Augen. Ein Mittagessen ist eine *gemeinsame* Unternehmung, sie setzen sich dabei *in Bewegung*, Sie führen ein *informelles* Gespräch –

all das trägt dazu bei, die Chancen zur Zielerreichung zu verbessern. Diese Chancen werden Sie sich doch nicht entgehen lassen, oder?

25. Ich kann in der Sache selbst hart verhandeln und doch zu meinem Gegenüber ein gute Beziehung haben.

Bravo. Dazu gibt es nichts mehr zu sagen.

26. Ich versuche der Gegenseite die Entscheidung zu erleichtern.

Richtig – indem Sie die richtigen Fragen stellen, um ihm seine eigenen Interessen vor Augen zu führen, und indem Sie dann in seine Interessen argumentieren.

27. Wenn der andere schlagfertiger ist als ich, habe ich keine Chance.

Schnell zu Punkt 2, 4 und 20!

28. Ich kann doch nichts dafür, wenn die Leute immer alles persönlich nehmen!

Nein, dafür können Sie nichts. Aber Sie können etwas für all das, was Sie sagen. Also konzentrieren Sie sich bitte darauf, auf der Sachebene zu bleiben und mit durch Schulz von Thun[L] altbekannten „Ichbotschaften" zu argumentieren, also statt einem „Sie haben ein Gutachten geschrieben, das keiner versteht" ein „Ich verstehe folgende Punkte Ihres Gutachtens nicht: ..." Statt „Sie haben mich falsch verstanden" „Ich habe folgendes gemeint: ..." Und schon haben wir dazu beigetragen, dass der andere besser damit umgehen kann und sich nicht persönlich angegriffen fühlt.

29. Ich sage oft Dinge, die ich hinterher bereue.

Wissen Sie was? Dann lassen Sie es doch bleiben.

30. Ich überlege mir immer eine Lösung, mit der beide Seiten gut leben können.

Sehr gut, das ist die beste Voraussetzung für zielorientiertes, beziehungsfreundliches Verhandeln zu nachhaltigem Erfolg.

Meine lieben Leserinnen und Leser, dieses Buch ist zu Ende. Mir bleibt nur noch, Ihnen alles Gute zu wünschen, viel Erfolg für all Ihre Verhandlungen, beruflich und privat, und Ihnen einen letzten, wichtigen Profitipp mit auf den Weg zu geben:

Profitipp Nr. 111

Jetzt haben wir uns gerade erst kennengelernt, es wäre doch schade, wenn wir uns gleich wieder aus den Augen verlieren würden. Also verfolgen Sie mich bitte auf Twitter, werden Sie mein Friend oder Fan bei Facebook, http://www.facebook.com/Ingeborg.Rauchberger, bestellen Sie meinen vierteljährlichen Newsletter auf www.rauchberger.at. Und wenn ein neues Buch von mir erscheint, gebe ich Ihnen ganz persönlich Bescheid.

Literaturverzeichnis

Adler, Eric: *Schlüsselfaktor Sozialkompetenz: Was uns allen fehlt und wir noch lernen können*, Econ Verlag, 2012

Asgodom, Sabine (Hrsg.): *Die Frau, die ihr Gehalt mal eben verdoppelt hat ... 25 verblüffende Coachinggeschichten*, Kösel Verlag, 2008

Asgodom, Sabine: *Raus aus der Komfortzone – rein in den Erfolg*, Campus Verlag, 2010

Baum, Thilo: *Beruf & Karriere: Denk mit! Erfolg durch Perspektivenwechsel: Werden Sie erfolgreich, indem Sie erkennen, was Ihr Gegenüber wirklich will*, Stark Verlag, 2012

Baum, Thilo / Laschkolnig, Martin (Hrsg.): *Die Bildungslücke: Der komprimierte Survival-Guide für Berufseinsteiger*, books4success, 2012

Besser-Siegmund, Cora: *Killerphrasen im Verkauf – wie man sie knackt*, Metropolitan Verlag, 2003

Birkenbihl, Vera F.: *Rhetorik – Redetraining für jeden Anlass – Besser reden, verhandeln, diskutieren*, Ariston Verlag, 2010

Fischbacher, Arno: *Geheimer Verführer Stimme: Erfolgsfaktor Stimme. 77 Antworten zur unbewussten Macht in der Kommunikation*, Jungfermann Verlag, 2008

Fisher, Roger / Patton, Bruce / Ury, William: *Das Harvard-Konzept* Campus Verlag, 2009

Frädrich, Stefan: *Das Günter-Prinzip: So motivieren Sie Ihren inneren Schweinehund*, Gabal Verlag, 2011

Fuss, Angelika: *IRRE® einfach verhandeln*, Manz Verlag, 2009

Havener, Thorsten / Spitzbart, Michael: *Denken Sie nicht an einen blauen Elefanten!: Die Macht der Gedanken*, Rowohlt Taschenbuch Verlag, 2010

Heeper, Astrid / Schmidt, Michael: *Verhandlungstechniken: Vorbereitung, Strategie und erfolgreicher Abschluss*, Cornelsen Verlag Scriptor, 2003

Köhler, Hans-Uwe L. (Hrsg.): *Die besten Ideen für erfolgreiches Verkaufen: Erfolgreiche Speaker verraten ihre besten Konzepte und geben Impulse für die Praxis*, Gabal Verlag, 2012

Lelord, François / André, Christophe: *Die Macht der Emotionen und wie sie unseren Alltag bestimmen*, Piper Taschenbuch Verlag, 2007

Merton, Robert K.: *Social Theory and Social Structure*, Free Press Verlag, 1963

Molcho, Samy: *Alles über Körpersprache: Sich selbst und andere besser verstehen*, Mosaik Verlag, 2002

Münchhausen, Marco von: *So zähmen Sie Ihren inneren Schweinehund: Vom ärgsten Feind zum besten Freund*, Campus Verlag, 2005

Pease, Allan / Pease, Barbara: *Warum Männer nicht zuhören und Frauen schlecht einparken*, Ullstein Taschenbuch, 2010

Pöhm, Matthias: *Das NonPlusUltra der Schlagfertigkeit: Die besten Techniken aller Zeiten*, Goldmann Verlag, 2007

Reiss, Steven / Reiss, Matthias: *Das Reiss Profile: Die 16 Lebensmotive. Welche Werte und Bedürfnisse unserem Verhalten zugrunde liegen*, Gabal Verlag, 2009

Schäfer, Lars: *Emotionales Verkaufen: Was Ihre Kunden WIRKLICH wollen*, Gabal Verlag, 2012

Schranner, Matthias: *Verhandeln im Grenzbereich: Strategien und Taktiken für schwierige Fälle*, Econ Verlag, 2001

Schranner, Matthias / Melzer, Stefan: *Der Verhandlungsführer – Strategien und Taktiken, die zum Erfolg führen*, dtv, 2006

Schuller, Rosemarie / Kneidinger, Gerald: *„Heiße Luft & harte Fakten"*, Der Verlag Dr. Snizek, 2010

Schüller, Anne M.: *Touchpoints: Auf Tuchfühlung mit dem Kunden von heute. Managementstrategien*, Gabal Verlag, 2012

Schulz von Thun, Friedemann: *Miteinander reden 1: Störungen und Klärungen. Allgemeine Psychologie der Kommunikation*, Rowohlt Verlag, 2010

Senger, Harro von: *36 Strategeme für Manager*, Carl Hanser Verlag, 2004

Sun Tsu, *Die Kunst des Krieges*, Nikol Verlag, 2008

Thilo Baum und Martin Laschkolnig (Hrsg.)

DIE
BILDUNGS-
L¨CKE

Der komprimierte Survival-Guide
für Berufseinsteiger

UNIVERSITÄT

Books4Success

Thilo Baum / Martin Laschkolnig (Hrsg.) – Die Bildungslücke

Sie sind mit der Schule fertig? Toll – denn jetzt wartet das „echte" Leben. Dumm nur, dass die Schule Sie auf die Herausforderungen von Ausbildung, Beruf und so weiter nicht wirklich gut vorbereitet hat. Dieses Buch schafft Abhilfe. „Die Bildungslücke" ist der vielleicht umfassendste Survival-Guide, der jemals für Berufseinsteiger geschrieben wurde.

304 Seiten / gebunden / ISBN: 978-3-942888-96-7 / 19,90 €

John C. Maxwel – So denken Erfolgsmenschen

Was verbindet erfolgreiche Menschen in der ganzen Welt, in allen Branchen und Bereichen? Es ist ihre Art, zu denken – Erfolg beginnt im Kopf! Kann man lernen, erfolgsorientiert zu denken? Ja, man kann – und Bestsellerautor John C. Maxwell ist einer der bestmöglichen Lehrer. Lernen Sie von ihm, wie Sie Ihr Gehirn auf Erfolg programmieren.

192 Seiten / gebunden / ISBN: 978-3-864700-02-6 / 17,90 €

James Borg – Überzeugend!

Jeder von uns möchte überzeugend wirken – auf den Ge-schäftpartner, den Chef oder die tolle Kollegin aus dem Vertrieb. Doch wie schafft man das? James Borg präsentiert die Lösung: In seinem Buch destilliert er aus den Methoden der erfolgreichs-ten „Überzeuger" eine umsetzbare Strategie, mit der jeder Leser „überzeugend!" wird.

368 Seiten / broschiert / ISBN: 978-3-941493-49-0 / 24,90 €

Keith Ferrazzi – So finden Sie Ihr Dream-Team

Im Zeitalter von Facebook & Co ist Networking zum Volkssport geworden. Für alle, die darin aber mehr sehen als das pure Sammeln von „Freunden", hat Keith Ferrazzi gute Nachrichten. Er bringt den strapazierten Begriff „Networking" zurück zu seinen Wurzeln und zeigt uns, worauf es beim Aufbau und der Pflege eines echten Netzwerks wirklich ankommt.

448 Seiten / gebunden mit SU / ISBN: 978-3-941493-36-0 / 29,90 €

Carolin Lüdemann – Die Kunst, zu wirken

Ob Vortrag, Rede, Grußwort oder Präsentation – diese Art von „öffentlichen" Auftritten lässt viele Menschen in Schweiß ausbrechen. Das muss nicht sein. Expertin Carolin Lüdemann zeigt, wie man bei solchen Gelegenheiten eine gute Figur macht. Vom „Handwerk" einer guten Präsentation bis zur inneren Vorbereitung – hier finden Leser die gesamte Bandbreite.

208 Seiten / broschiert / ISBN: 978-3-942888-44-8 / 19,90 €

Heidi Pütz – Wer verticken will ...

Flirten und Verkaufen funktionieren nach exakt den gleichen Gesetzmäßigkeiten! Das sagt Heidi Pütz, die Expertin für Flirtmarketing. Sie kennt all diese Mechanismen und bringt ihren Lesern bei, sie für sich zu nutzen. Ihr „Flirtkurs" ist in amüsante Geschichten verpackt, in denen Sie sich und Ihr Umfeld wiedererkennen und daraus lernen werden.

224 Seiten / broschiert / ISBN: 978-3-941493-87-2 / 19,90 €

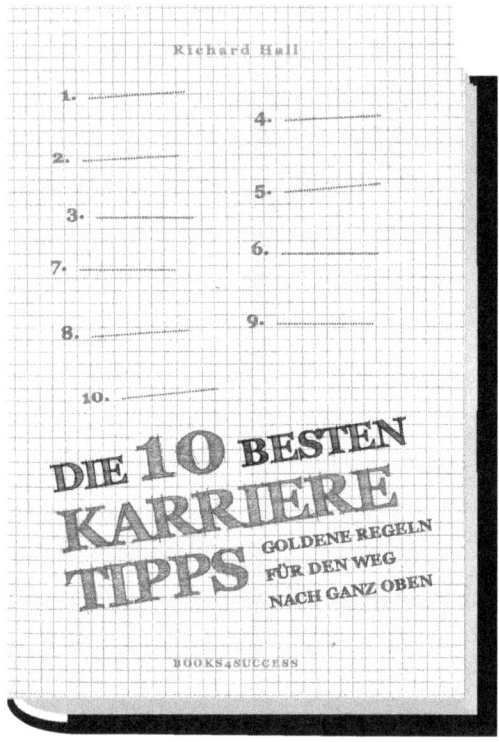

Richard Hall – Die 10 besten Karrieretipps

„Möchten Sie gewöhnlich sein oder außergewöhnlich?" Dafür brauchen Sie einen durchdachten Plan, an dessen Ende das Leben und die Karriere stehen, die jeder von uns möchte. Kennen Sie sich selbst, lernen Sie dazu und verhalten Sie sich richtig – hier finden Sie die Essenz aus Richard Halls Erfahrungen in einigen der härtesten Unternehmen weltweit.

192 Seiten / broschiert / ISBN: 978-3-942888-42-4 / 19,90 €

Jim Camp – Nein!

Ob im täglichen Leben, im Geschäft oder am Arbeitsplatz: Wir alle verhandeln täglich über die unterschiedlichsten Dinge. Wollen Sie das ab jetzt besser machen? Vertrauen Sie Jim Camp! Sein Geheimnis: „Nein!" Dieses kleine Wort hat die Macht, die Luft zu reinigen, das Gespräch wieder in Gang zu bringen und Ihnen zum Erfolg zu verhelfen. Hier lernen Sie, wie das geht!

368 Seiten / broschiert / ISBN: 978-3-941493-19-3 / 22,90 €